女人内心强大，谁都不能伤了你

郑 一 编著

中国纺织出版社

内 容 提 要

女人内心强大，才能真正无所畏惧，也只有内心强大，才能成为生活的强者，人生的赢家，在人生路上无论遇到什么都能心无旁骛、努力向前，把握幸福。

这是一本帮助女人自立自强、戒骄戒躁，创造幸福生活的身心修养励志书。本书深入浅出地指导女人如何使自己内心强大，如何把智慧融进生活里并获得幸福的人生。

图书在版编目(CIP)数据

女人内心强大，谁都不能伤了你/郑一编著. —北京：中国纺织出版社，2018.1

ISBN 978-7-5180-4397-2

Ⅰ.①女… Ⅱ.①郑… Ⅲ.①女性—成功心理—通俗读物 Ⅳ.①B848.4-49

中国版本图书馆CIP数据核字(2017)第314935号

责任编辑：闫星　　特约编辑：王佳新　　责任印制：储志伟

中国纺织出版社出版发行

地址：北京市朝阳区百子湾东里A407号楼　邮政编码：100124

销售电话：010—67004422　传真：010—87155801

http://www.c-textilep.com

E-mail：faxing@c-textilep.com

三河市延风印装有限公司印刷　　各地新华书店经销

中国纺织出版社天猫旗舰店

官方微博 http://weibo.com/2119887771

2018年1月第1版第1次印刷

开本：710×1000　1/16　印张：13

字数：200千字　定价：36.80元

序

对于女人来说，穷其一生追求的，大概就是幸福，然而，我们发现，生活中有这样两种女人：一种女人，她们感到自己过得并不如意，有个别的甚至觉得幸福对于她来说是件稀罕事。她们工作不顺心、工作业绩不明显、经常受到领导批评、回家后孤单一人、当上“房奴”，一想到还贷就头昏脑涨；丈夫“出轨”，只能勉强维持名存实亡的婚姻；遭遇家庭暴力，双方为一点小事就针锋相对、大打出手；有一份让别人羡慕的收入，却没有让自己喜欢的生活方式……与之完全不同的，是另一种女人，她们的状态是这样的：宽容、大度、积极、乐观、心态平和，无论遇到什么，她们都能坦然面对，在她们眼里，幸福是那么简单；人际交往中，她们总能侃侃而谈，展现出自己的才能智慧，进而左右逢源；在人前，她们更是落落大方，在举手投足之间都展现出自己的独特魅力……

那么，这两种女人，哪一种才是幸福的？很明显，是第二种，那么，是什么导致了女人们截然不同的两种生活状态？因为她们的内心世界不同。幸福的女人明白一点，真正的幸福来自于自己的争取，不能因为别人给你幸福，你就幸福；别人不给你幸福，你就不幸福。

的确，没有哪个女人不希望自己卓越，也没有哪个不希望自己气质高贵，更没有哪个女人不喜欢自己成为人群中的一道亮丽的风景。那么如何达到这一境界呢？

让自己的内涵丰富起来，让自己的底蕴深厚起来，让自己的信念坚定起来，让自己的品格高尚起来，让自己的情趣超凡起来……一句话，让自己的内心强大起来,那么,幸福就会自然而然地找到你。

本书要告诉女人的就是幸福的秘诀在于内心世界的丰盈，在本书中，你会看到聪明的女人是如何逐步让自己强大起来的,范围涉及生活、工作、爱情和婚姻,以及社交人际,所展现的是不一样的自我,美丽的、聪明的、温柔的、高雅的……但无论在什么时候,只有你自己才能拯救自己。所以,聪明的女人要努力驾驭自己的内心,经营自己的人生,这样才能最终得到幸福和快乐。

编著者

2017年8月

目 录
CONTENTS

Part ❷

提升自己，成为魅力女性

Part 1

走进现实，别再做小女孩的梦

22 岁对于女人来说是个有点尴尬的年纪，青涩和单纯已随着时间而逝去，老道世故的年龄还远远没有到来，但是我们就要进入职场参与竞争了。随着校园生涯的结束，我们步入了一个崭新的阶段，我们一定要明白自己目前的处境，做好人生的整体规划，才能保证将来能够成为一个幸福的女人。

我们要认清自己，做一个强者，把握自己命运的方向；我们还要认清现实，做最适合自己的选择，才能够让自己拥有更好的命运。我们要懂得女人的生存之道，学会避让、妥协、低头，但永远也不能认命。我们还要学会运用女人的魅力和智慧，让你周围的人都来帮助你达成心愿。只有这样，我们才能生活得更好，更有尊严，更有价值。

渐渐地你会发现，在生存面前，我们要结束自己小女孩的浪漫情结，学着做一个智慧、成熟的女人，只有懂得生存之道，才能让自己不吃亏。

Chapter 1

不一定要做女强人，但一定要做个强者

女人何时都不能成为弱者

相对男人来说，女人的确不够强大，无论是体力、精力还是意志力，似乎都比他们略逊一筹。但是，女人也有自己的优势，比如女人的直觉要比男人敏感，反应比男人更敏捷，办事方式比男人更为灵活，社会对女人更加宽容，等等。所以，女人没有必要以弱者自居。

20多岁的女人大多数在家中都娇生惯养，自立和自理能力都比较差，但是，我们一定要懂得自立的重要性，至少要有一份独立的工作。既然一百多年前的女性就提出了平等和自由，那么我们更要珍惜今日得之不易的平等权利，而不要以弱者自居。

通常以弱者自居的时间长了，就会养成被别人照顾和同情的习惯，这样我们就失去了自己的能力，变成真正的弱者。就算是最凶猛的老虎，待在动物园里被人照顾四五年，当它们重新回到丛林，去和野外的老虎相处、竞争、撕咬打斗，恐怕就会毙命。如果仅仅是让它们自己觅食、觅水，恐怕它们也要先适应一段时间。而我们人类社会的竞争要比动物世界的竞争更激烈。如果你长期处在别人的同情照顾之下，当你独自一人时，就会感到无形的压力向你扑来，谁是弱者，谁就会失败，没有立足之地。

以弱者自居的女人想要靠自己的“柔弱”得到什么呢？无非是男人的同情、怜悯、怜惜。难道我们把自己的自尊踩在脚下，就为了获得一点点同情或者依靠吗？女人就只能这样生活吗？

这个社会是公平的、平等的，女人不能抛头露面、不能养活自己的时代早已一去不复返。任何一个愿意工作的女人都可以很好地养活自己，可以不依赖任何人。不过，有的女人想要的太多，却不愿意付出努力或者没有那份能力，于是，不得不依赖他人，以“弱者”自居。但是你有没有想过，当别人不再愿意成为你的依靠，你又该何去何从？过惯了锦衣玉食的生活，你还能回到仅仅维持生存的阶段吗？过惯了“十指不沾阳春水”的生活，你还会习惯操劳吗？婚姻不是永恒的，依赖别人更不可能永恒。只有靠自己，才能够更踏实、更实在，在婚姻关系中，只有平等，才有自尊。否则，就只能成为别人的附属品，女人难道会看不透这一点吗？

在社会中，以“弱者”自居的女人，通常都有感情、生活或者事业的辛酸史，相对男人来说，我们的确是“弱势群体”，但是，我们一定要学会坚强。“弱者”也有坚强的理由，社会上不乏掌握生杀大权的“女强人”，我们可以不做女强人，但一定要做一个强者，不主宰别人，只求能够主宰自己。

通常，女人的柔弱是女性自我保护的武器。女人常常以弱势来调动男人的强势意识，以获得男人的保护，这也是以弱制强的一种策略。寻求保护是女人的本性，这是被社会所承认的，我们不必在这方面过于计较。我们不是不需要男人的帮助，而是不要完全地依赖男人，以“弱者”自居。女人表现“柔弱”是一种策略，但是表演“柔弱”、以“弱者”自居，则是一种愚蠢的行为。社会给坚强的女人以敬畏，给柔弱的女人以怜惜，却给以弱者自居的女人以嘲笑，正像祥林嫂以自己的儿子被狼叼走博取同情的同时，也得到了众人的嘲笑讽刺，这并不是没有原因的，所以，我们还是不要自取其辱了。

另外，据调查，太“柔弱”的女人会给男人太大的压力，并不受欢迎，相反，适当坚强一些的女人更被男人心疼。男人普遍是一种心理复杂的生物，女人太强了，他会感觉有威胁感、有压力；太弱了，他又感觉有生存压力，产生反感。所以，我们女人还是应该靠自己，更有保障一些。

22 岁以后，女人可以向别人请求帮助，却不能完全依赖别人，我们可以不做“女强人”，但也不要以“弱者”自居，践踏了自己的尊严，我们要更独立、更自主，才能活得更精彩。

别把男人当成救世主

现在的女人都比较自主自立，一般不会再发生把男人当成自己救世主的状况了。但是，还有一部分女人把男人当成自己所有的依靠，认为没有对方，自己就活不下去。

无论是出于对爱情的维护，还是出于对尊严的维护，女人都不应该依赖男人。爱情、婚姻是我们生活中重要的一部分，但并不是生活的全部，我们要抱着享受的态度去对待它们，要知道它们并不是必需品。20多岁的女人尤其应该懂得这一点。

22岁以后，女人正处在谈恋爱的阶段，但同时，这也是我们的事业、家庭、个人经验积累发展的重要时期。如果我们把爱情看作全部，就会疏忽对事业和个人的管理，最终爱情也将褪色。女人必须依靠自己，这样才能够活得更精彩、更有尊严。

小时候，很多童话都灌输给我们这样一个观念——白马王子就是我们的救星。比如，白雪公主要得到白马王子的搭救才可以获得幸福；睡美人需要勇敢王子的吻才能够重新活过来；甚至灰姑娘也要靠王子的青睐和眷顾，才能够生活得更美好、更有尊严。于是，我们就容易得出一个结论：男人就是女人的一切，我们需要男人来帮助，才能够摆脱困境；我们需要他们的爱情，才能够获得幸福。小时候形成的观念，是最难以改变的，于是，我们把所有的精力都花费在穿衣打扮、保持美貌和吸引异性上。那么，事实果真如此吗？

现代社会，男人们不再欣赏那些徒有虚表的女人，一个女人想要靠美貌获得男人的青睐已经是不太容易的事，更何况是生存、幸福的大问题。

一个女人想要生存得更好、生活得更幸福，就必须要依靠自己的努力，要赢得男人的爱情，也必须用自己的智慧和魅力去获得，甚至还要和他们“斗智斗勇”，才能够最终幸福地生活，并不像童话里所说的“从此，公主和王子幸福地生活在一起”，我们除了婚前的爱情还要学会婚后的经营，是一件很辛苦的事。

更何况，一个女人如果依赖男人生存和改变自己的境遇，就会失去自由的权利。如果你的一切都依靠某个男人的施舍和赐予，你就失去了与别人平等的权利，比如，共同对爱情的坚贞。同时，你也必须用自己的自由去交换，无论是生活还是爱情甚至是工作，都是自由交换的结果，如果你一直依赖别人生存和施舍，一旦离开了他，你就会不知所措，甚至失去生存的能力，那还有什么自由可谈呢？现代女人对于自主、平等的意识已经很强烈了，大部分人都会觉得伸手要别人施舍是一件很难容忍的事，所以，我们为什么要把男人当作自己的救世主？

再者，如果一个女人一直依赖男人生活，把他当作救世主，自己就会逐渐地失去生存能力，一旦这个男人不再是你的依靠，这种依赖关系就不存在了，女人就会失去生存基础，甚至也失去了生命的尊严，何苦呢？现代社会给我们每个人平等生活的权利和基础，女人不再是男人的附属品，任何一个愿意努力工作的女人，都可以获得很好的生存条件。既然我们依靠自己能够生活得很好，为什么还要去依靠那些靠不住的虚无缥缈的所谓爱情呢？

男人普遍都有救赎的心理，他们会认为能够供养一个女人是对自己的能力的一种肯定和炫耀，所以，很多成功的男人都会要求妻子做家庭主妇。当然，做家庭主妇不是不好，但我们要做一个有尊严、有独立思想的家庭主妇，而不是一切以男人为天的女人。

一个理智的女人要记住，无论什么情况下，只有自己才是最爱自己的，只有自己才是真正靠得住的，只有自己才是自己的救世主，其他任何人都不是。如果你把别人当作自己的救世主，那么同时你也就失去了自我，变成了一个没有灵魂的人。

我们可以不做女强人，但一定要做自己的主人，自己的生存、尊严、自由和情感必须由自己来决定。做自己的主人，就是要我们承认靠自己可以生存得很好，我们可以和别人共同生活，各取所需，但我们绝不能依赖他人，绝不能出卖尊严。

22岁以后，女人要学会做自己的主人，自己的一切决定、一切事情都要符合自己的意志，按照自己的意志来安排生活，靠自己的努力来救赎自己。

经济独立，要有自己的一份事业

独立既包括经济上的，也包括精神上的，根据唯物论的观点，物质决定精神，一般来说，只有经济独立才可能实现精神独立，所以，只有经济独立的女人才有尊严可言。否则，难以想象，一个花着别人钱的女人大谈自由、独立，她也就没有任何尊严可言。

即使你现在还没有经济独立，但起码要有赚钱养活自己的能力，这是一个人想要生存所必须要有的能力。

“自己赚钱买花戴”是大部分女人的自觉，工作不仅带给我们经济上的独立，同时也可以丰富我们的内心世界，使我们的精神更加充实，使我们更自由、更有尊严。使我们意识到，我能够养活自己，不必看任何人的脸色，也不必依赖任何人的施舍。这种自主的意识是任何一种享受都不能够代替的。事实上，只有经济独立了，女人才能真正实现自主，不用仰人鼻息地生活，我们才能活得更轻松、更有尊严。

也许在学生时代，许多女孩总在幻想，以后一定要找个有钱的老公，这样就会衣食无忧，不用在外漂泊奋斗，也不用看老板的脸色。这种想法不能算有错，有些女人的确也是这样做的。但是，这样做必定有其弊端，你身边的男人是否靠得住就是最大的一个问题。除此之外，我们要花费别人的金钱，就要受别人的约束，即使花费上随心所欲，在一些其他的事情上也是没有自由的。比如，你们两个的决定发生冲突的时候，你就会发现，谁主导着经济，事情就会按照谁的意志发展。

有一个女人就是这样，她本来是有自己的工作的，不过在怀孕期间，丈夫心疼她，让她辞去工作，做了家庭主妇。但后来，她和丈夫发生了一场大战，起因是她想把家里的钱作一份理财计划，以避免将来出现不工作就失去经济来源的窘境。可是丈夫却不顾她的建议，私自买了一部汽车。她的丈夫想法很简单：这是我挣的钱，我有权决定怎么花。自此以后，这个女人抛掉了她家庭主妇的身份，每当两人发生经济上的争执时，她就会抬出“我挣的钱，我有权支配”的理论，甚至把两个人的收入和支出单独做了账单，实行 AA 制。她丈夫却说不出一点儿反对她的理由。

谁有经济能力，谁能支撑生活，谁就有话语权，这在某种程度上是有一定道理的。

所以，女人一定要及早摆脱“好女人不该对钱太精明”的观念。现代的女人应该明白，钱虽然不可以买来一切，但常常可以买到尊严和自由。

有位婚姻专家私下做过一个有趣的调查，比如，一个婆婆若有两个儿媳妇，即使和她们都不住在一起，她往往不知不觉地会对“职业女性”的儿媳妇比“家庭主妇”的儿媳妇宽容些。她下意识地认为，“家庭主妇”的儿媳妇是跑不掉的，凡事要仰仗自己的儿子，所以家事当然要做得好些，她对这个儿媳妇的标准自然提高了许多。相反，“职业妇女”的儿媳妇在她眼里是在帮她儿子挑半边天，另外手头也比较有些闲钱，可以慰劳婆婆，所以常常讨得婆婆欢心。

这个调查我们可以随时验证。在婚姻中也是如此，一个挑着大梁赚钱养家的丈夫，往往比一个靠着两人的工资赚钱养家的丈夫（即使这个男人也有能力独自养家）更容易发“老爷脾气”，也更容易有外遇。因为，家中的一切开销都是他付的，家中的一切也就都由他说了算，所以，这样的男人更容易在妻子面前“耍大牌”，更容易在外人面前吹嘘以及在虚荣的女人面前炫耀，外遇的机会就会增加。

对于女人来说，没有经济能力，“运气”这两个字在婚姻中就有80%的影响力；有独自的经济能力，代表在婚姻中有应变的能力。女人有钱才有尊严，否则，没有独立的经济能力，“做你自己”只是个口号而已。

然而，现实中很多女性还是在所谓“谁管钱”“谁做家务”“由谁决定事情”的层面上来争取所谓的平等和尊严，鲜少有人追究到真正的根源上。

20多岁的女人，想要有尊严和自由，就要自己有生存的能力，就要有经济自主的能力。我们要通过主动、积极、持续的学习，来打好自己的知识基础，具有一定的知识资本，这样，才能够拥有其他的实力，才能够争取平等，才能活得更有尊严。只有经济上实现了独立，才能够带来人格思想上的独立，才能实现我们女人的自由，维护我们的尊严。

相信自己，别盲目相信“命运天注定”

我们的命运靠的不是上天的赐予，而是自己的选择和经营。命运不是上天注定的，它会因为我们的努力程度而发生改变。一个年轻的女人要懂得经营自己的人生，这样我们就能够靠自己来选择命运。

只有弱者才相信命运，强者则相信有因必有果，因此，如果我们想要自己的人生有好的结局，就必须要在平时做好准备，为自己打下“好命”的基础，经营好一个女人的“名誉”和“品牌”。

如果女人“养在深闺人不识”，那就只好任由别人替你选择命运。即使是自己做主选择，也只有很窄的范围、不好的选择。只有“天生丽质难自弃”，才能够“一朝选在君王侧”。只有强者才有机会选择强者，弱者只能被选择或者有不好的选择，无论是婚姻还是事业或职业，都是如此。比如，一个北京大学的毕业生，有许多单位都抢着要，他也有双向选择的机会；而一个名不见经传的大专生，他可以选择的机会就少了很多，甚至只有被别人挑选的机会。

那么，一个女孩子要怎样经营好自己的“品牌”或者“名誉”呢？

首先，要有准确的人生定位，杨贵妃因为“天生丽质难自弃”，所以她选择了陪王伴驾，选择了做一个地位最高的男人的身边人。我们想要有什么样的命运，就要对自己的身份有一个什么样的定位。想要成为骄傲的公主，就要对自己的品位有着公主般的挑剔；想要成为公司的精英，就要对自己的能力进行精英式的培训；想要让自己活得像贵族一样潇洒、高贵，就要让自己拥有更多接近贵族的机会，拥有贵族的气质。“物以类聚，人以群分”，你对自己有什么样的人生定位和期盼，就会吸引什么样的人在你身边。

反过来说，也就是你对自己有什么样的人生定位，希望成为什么样的人，就要和这样的人在一起。所以，我们必须要先明确自己想要成为什么样的人，才能够有明确的前进方向，才会朝着这个目标努力。每一个女人的幸福都不一样，做“撒切尔夫人”是一种幸福，做“杨贵妃”是另一种幸福，我们只有定位好自己想要什么样的幸福，才能朝着那个方向努力，才能最终找到自己的幸福所在。

其次，在人生的每一个转折点，做出最适合自己的选择。命运是自己选择来的，有一些明明知道自己面前是火坑、还要闭着眼睛往下跳的女人，并不缺少聪明，也不缺少能力，她缺少的是选择的智慧以及把握自己人生的能力。我们要用自己坚强的意志力和坚定的信念来贯彻最终目标，不能半途而废，更不能受到诱惑，选择不适合自己的路。这个世界上有很多诱惑，不仅有财富，还有好的前途、更快的做事方法、好的职业，然而，只有一条路是适合你走的。所有的女人都会凭直觉的选择走这条路，通常又会因为其他的诱惑而改变自己的既定方向，最终得到一事无成的结果。我们要做的就是坚持自己的选择，躲开那些致命的诱惑，做一个“好命”的女人。

最后，要逐渐积累自身资源。我们要通过积累，不断地提高自己的素质、能力，让自己无论从形象、内涵，还是从财富、品格上，都做一个富有的人。《圣经》中说：“对于那些富有的人，我要给他更多，使他更加富有；对于那些贫穷的人，我要把他仅有的一点也都拿走，使他一无所有。”现实中的确也是这样，富有的人更富有，贫穷的人更贫穷。这是因为人们都下意识地强调自己的优势，于是，有优点的人，优势会越来越明显；而处于劣势的人，越来越处在劣势的地位。

所有的优势和劣势，都是一代又一代人积累的结果。因此，我们要想改变自己的命运，就要学会逐渐发现和积累自己的优势，使自己在某方面更加优秀，使你的内涵更加丰富，这样才能吸引更优秀的人在你身边。

我们的命运由我们的遗传因素、所处环境以及自身努力这三部分组成，其中，哪部分对我们的影响更大一些，就要看我们自己的意志。如果我们认为命运是上天注定的，这样的遗传和环境就会在我们生命中占有很重要的位置，我们也容易沉浸在对命运的抱怨之中；反之，如果我们认为命运是自己创造的，那我们就会积极地改变自己的周围环境和我们自身的素质，这样好运也就到来了。

二十几岁的女人更要看重自身的选择和努力，才能够成为一个“好命”的女人，人生道路才会更加顺利，更加丰富精彩。

对自己有比老板更高的期望

我们对自己要有更高的期望，做事才会更有动力，工作才能够做得更好，一个有志向的女人对自己的期望往往比老板的期望还要高，这样才可能获得更大的进步，拥有更强大的资本。

二十几岁的女孩往往感觉前途渺茫，不知道自己想要什么，也不知道明天会发生什么，只好“闭着眼睛”过日子。大部分人都有过这样的生活，有的人甚至将这样的生活过了一辈子。然而，一个女人想要做强者，就必须尽快摆脱这种状态，让自己的生活变得更明晰、更有希望，最重要的就是对自己有更高的期望。

我曾经向一个同学问起她将来有什么打算，她叹了口气说：“又不是上学那会儿了，还谈什么理想，过一天算一天吧。”有这样的想法，不管是做人还是做事，都不会有很好的结果。也许因为我们意识到现实的残酷，也许是对自己的前途真的感到挫败，也许是我们意识到自己的渺小，所以灰心丧气，会有这样的心态。然而，我希望所有女人的这种心态都只是暂时的。只有意识到不可得而不放弃努力的人才更值得尊敬，才更伟大，这是哲理，也是事实。

我们人类面对大自然和宇宙，不是感觉到自己的渺小和无力吗？但是人类却不妄自菲薄，对自己的未来却有着更乐观、更清醒的认识，我们愿意尽自己的一切努力，使我们和后代的生活过得更好。这是所有人类的努力，更是那部分乐观的、不认输的人的努力。

我们要做的就是这些，明明知道前途莫测，也要对自己充满信心、充满期望，用自己全部的努力去换取一个可能更好的前途和命运。这才是一个强者应该做的事，无论结果是更好还是更坏，我们都要尽最大的努力，这也许就是所谓的“谋事在人”，至于事情的结果如何，努力总会比在原地等要好。

一个女人只有跳出自己固有的小圈子，才能够更加豁达，对自己有更高的期望。一旦对自己有了比老板更高的期望，我们就会更积极主动起来，做事不再敷衍了事，工作也不仅是为了薪水和升职，没有功利的目的，我们才能够活得更加惬意，更加精彩；有了目标的催促，我们才能够活得更加充实，更加理性。

一个女人最终的目的，就是让自己活得快乐，只有热情、全身心投入、理智地生活和工作，才会让我们感到安心和快乐，不是吗？有什么能够比有一份自己全身心热爱、全身心投入的工作更令人感到开心呢？比如，一个人每天起码要工作八小时，八小时用于睡眠，两小时吃饭，两小时进行一些娱乐活动，两小时交友，两小时穿衣打扮。基本上是一天中花费时间最长的事情就是工作和睡觉，然而沉睡中没有意识，如果我们再不开心地工作，那我们的生活就会很无趣了。

所以，一定要让自己在工作中振奋起来，工作的女人更美丽。那种沉浸在某种令自己兴奋的事情中不能自拔的女人最美丽，这种感觉不仅恋爱能给我们，工作也同样能给。这就看我们如何看待自己的工作了。

如果你把它看作一份负担，它就会把你压得抬不起头，你的生活中也就少了很多乐趣；而如果你把它看作一项挑战，一项自己要达到的目的，你就会全身心地付出，你就会对自己有更高的期望、更多的希求。

人生就是因为有了更高的追求才变得更有意义，如果我们对自己没有期望，我们就会感觉生活很无聊，难以忍受，甚至去追寻一些不正常的刺激，来让自己的精神振奋。许多吸毒者不正是因为不满意生活中的平淡和平常的喜悦而落入无望的陷阱吗？如果每个人都对自己有着独特的期望，就会因这份期望而变得努力，变得用心，生活也将因此而变得丰富多彩。完成一项工作所得到的喜悦和胜利的快乐，是其他快乐所不能比拟的。

生命的意义在于，我们能够通过他人的肯定来看清自己的价值，留下人生的痕迹。即使你再有价值，但不被别人认同，不也是很悲哀吗？如果你在人生中没有留下任何值得回忆、炫耀的东西，不就枉过了自己的一生？所以，我们要给自己一个拼搏的理由，一个很高的期望值，比如，比老板的期望更高。

女人要找到属于自己的一条路

不同的人有不同的人生目标，对自己有不同的人生定位，所以，每个人应该走的路不同，自然就有不同的选择，在各方面的努力也就不同。所以，女人不要盲目地模仿别人，而要选择适合自己走的路，要坚持走自己的路。

每个女人对于成功的定义都不一样，对于幸福的定义也不一样，有的女人认为事业成功的女人最美丽、最幸福；有的女人则认为幸福和谐的家庭就是自己的一切；有的女人则认为子女就是自己唯一的幸福。

世界上没有两片完全一样的树叶，也没有两个完全一样的女人。前几天，我翻看女性时装，款式多得数不胜数，搭配更是五花八门，让人眼花缭乱，价格自然也是不菲。而相对之下，男性时装就简单了很多，虽然也是花样翻新，但总摆脱不了大致的款式。这也许正昭示着男人与女人的不同。男人无论怎样性格不同，总是大同小异，总遵循一定的规则，所以，男人简单得多，要的不过是权力和美人。女人就相对复杂一些，她们做事的目的可能只是为了享受一种感觉，比如被爱，比如被羡慕等。男人更重视结果和目的的一致性；女人更重视过程中的享受。所以，女人可以走的路，实际上比男人多很多，也难走得多。并且，女人的路不可能被复制，也没有哪个女人能够盲目模仿别人。因为这就像宴会上女人撞衫一样是很尴尬，也是很不可思议的。

每个女人都有自己必须要走的路，就像每个女人的时装都必须适合自己的风格一样。别人的糖可能是你的毒，盲目模仿别人，只能落得灰头土脸的结果。

所以，面对一些所谓的“女人的人生经验”，我们还是不要拿过来就用，还是学习鲁迅先生的“拿来主义”去芜存菁，挑挑拣拣以后再用会更合适。并不是每个女人都适合做“女强人”，也并不是每个女人都适合“小鸟依人”的。正像钱锺书先生在《围城》里写到的，要一个“女强人”强扮“小鸟依人”，就像让小猫学小狗追着自己的尾巴扮娇憨一样不可思议。而让“小鸟依人”的女人强硬地做个“女强人”，显然也不符合实际。

每个人都有自己的人生角色，这不仅取决于你的人生定位，有时候也取决于你的性格和人生观。如果你对“人格独立”“尊严”格外看重，甚至觉得不依靠自己来生存，就会失去你的人生价值，觉得最能体现自己价值的就是对于工作的贡献，唯有如此，才能被其他人认可，被自己看重、尊重，那么，你就有“女强人”的潜质，就必须要努力，才能够让自己安心。

而如果你对工作的看法仅仅是“自己赚钱买花戴”“无所谓”或者“维持自己起码的生存权利，以防不测”，这样，事业于你来说，就仅仅是一个保障。你对工作不会排斥，但也不会太热情。你不是一个“女强人”，不过你是生活中的“强者”，既不会让工作干扰到你对生活的“享受”，也不会因为享受生活，而忘了生存“危机”。你是一个想要的很多、很完美，但是往往两方面都有缺憾的女人，也许会很累、很辛苦，但很幸福。每个人的人生都有缺憾，而你的缺憾是最小的、最少的。

而有的女性，只把工作看作一种负担，把自己的全部都压在对未来婚姻、爱情的期盼上，我不能诋毁这样的女人所选的道路。只能提醒你们，要把这条路走好，因为这是一条格外危险的路，尽管有时看起来很平坦，但越是平坦的路上才越隐藏着危机，因为你把希望寄托在了最靠不住的感情上面。就像一种小鸟，尽管它的巢做得坚韧、牢固，也抵挡不住一阵狂风暴雨，因为它把自己的巢穴安在了芦苇秆上。

每个女人都有自己要选的道路，只是在选择之前，我们要看清自己的处境，清楚自己适合走哪一条道路。以免在踏上道路之后，才发现自己是一头骆驼，却选择了疆场；或者自己是一头牛，却选择了山林，这不仅贻笑大方，甚至会有性命之忧。所以，年轻的女人要看清你面前的道路，慎重地做出选择吧，不要盲目地模仿别人，反而失了自己的本色。

Chapter 2

女人走进现实的第一步，是告别小女孩的白日梦

现实社会，不允许女人太天真

从学校走上社会之后，我们就会发现，自己的想法处处与现实不相容。有时候我们会对一些现象看不惯，有时候对一些事情根本无法理解。我们在学校中学习的不过是生存的技术，并没有学会生存的艺术。学校对于我们来说，就是一个无菌器皿，而社会上的菌类实在太多了，因此，我们天真的想法未免有些行不通。

在学校里，我们天真地以为，只要自己的能力出众，就会被欣赏，事实上我们还需要别人的提拔帮助；在学校里，我们以为，只要有理想、意志坚强，我们就可以战胜一切；在学校里，我们以为，只要努力，我们可以过无论什么样的生活。但是，走上社会，我们会渐渐发现，这一切天真的想法，都不适合现实的社会。我们用自己天真的想法去处理事情时，总是会遇到重重障碍，总是会不断受到打击。

二十几岁，我们相信绝对的黑白是非，然而现实中灰色地带多得很。二十几岁，我们相信只要我们能够想到，就能够做到，而事实上，生活中许多的事不是靠嘴巴说，自己就真的可以做到的，我们很多时候要面对环境的局限。二十几岁，我们还梦想着自己拥有大把的时间可以去浪费、去消遣，事实上，小孩子们已经开始把我们称为“阿姨”了。这个现实的社会，会把我们原来的雄心壮志渐渐磨平；会把我们曾经所有的美丽梦想都击碎。

当你跨入 22 岁后，就不要再天真地来思考问题了，因为这除了让你看到的现实生活变得“梦幻”起来之外，就没有其他意义了。梦不是现实，更不是生活，你也不可能用梦的状态去打理以后的人生。在现实生活中，我们需要的是梦想，而不是梦境！所以，我们更要看清周围的现实，珍惜自己的青春，通过努力去打理规划自己的人生。

抛弃自己天真的幻想吧，我们不可能做一辈子的天真少女，更不可能用做梦来度过自己的全部人生。迟早有一天，我们要面对一个成人的世界、一个现实的世界。与其到那时才后悔自己的“不开窍”，不如早早认清现实，准备做一个“好命女”。

天真的想法面对现实社会会很快夭折，当我们相信单纯的爱情时，我们会陷入一个甚至无法解决生活问题的境地。当我们信任绝对的能力决定地位的时候，我们会遗忘人际关系对于我们的帮助，更容易相信“灰姑娘”变为“公主”，却不愿相信只有自己的努力才能把自己打造成公主。

现实生活很快就教会我们要怎样对待问题，而我们那些天真的想法很快就会让我们在现实中摔跤。上学的时候，我们对“人之熙熙，皆为利来；人之攘攘，皆为利往”带着轻视的态度，不久，现实社会就会告诉你名利的重要性。你轻视功利，就会遭到众人的排斥；你清高自诩，就可能过着悲惨的生活。

并不是所有的事情都会向你的想象发展，现实中总有我们预期不到的事情，如果我们用现实的态度来经营人生，期盼好的结果，我们可能更好命；如果我们抱着天真的想法，去工作或者与别人相处，甚至恋爱结婚，通常就会遭遇更惨的结局。

对于现实世界排斥、愤怒，都是没有用的，排斥现实俗世就是排斥大多数人，就是排斥这个世界的规则。而规则却总是不会因为我们的想法和做法而改变，我们只会在规则面前碰得头破血流。

所以要抱着“山不到我面前来，我就到山前面去”的态度，既然规则不会因为我们天真的想法而改变，我们就只能改变自己的想法来适应这个现实的社会。

所谓“社会的现实”，实际上就是维持这个社会正常运转的规则，我们天真的想法，就是我们从小受到的教育与现实中的规则悖逆的一面。

无论是家长还是学校，都希望这个世界多一些光明，于是他们教育我们的只是一些正面的东西，其实社会还有负面的一些东西。这就像有白天也有黑夜，物体有发光的一面也有阴影的一面一样正常。

天真的想法在世俗面前容易遭受打击，这是因为它不适合真实的社会。二十几岁，我们要认清现实，不要急着愤怒、排斥，因为那没有任何作用，我们要学会适应社会，学会占据优势。既然我们知道拥有什么样的地位才能够带给我们更多便利，为什么不让自己拥有这些地位和关系呢？这才是有建设性的积极的想法。只有积极的想法，才能够带给我们好的结果。所以，摆脱那些童话般的天真的想法，学着现实一点吧。

聪明女人，绝不做白日梦

要做到早日认清现实，把握自己的命运，就必须先打破阻碍自己好命的白日梦。许多女孩，尤其是那些美丽而贫穷的女孩，都做着一朝“灰姑娘变公主”的美梦；或者，有一天突然被星探发现，成为明星，从此名誉、地位双丰收；或者，突然有一天，自己好运滚滚而来，获得升职、加薪；或者，别人发现了自己的某项优点，立刻提拔自己到了好的位置，凡此种种，数不胜数。

其实，命运掌握在我们自己手中，要想拥有梦想中的好命，就必须先把这些白日梦打破。要知道一个人的成功和好命靠的是平日的积累，而绝不是偶然的机会或者平白的幻想。只有我们平时做好准备，并不断地向一个方向努力发展，才有可能遇到一个机会。

并不是所有的人都有林青霞遇到星探的幸运，大多数的明星还是艺校毕业，然后渐渐步入影坛的。所有走向上流社会的女人也都是通过她们的努力和事前不断的准备，而不是像电视剧里演的，有一个好爸爸、好老公就万事大吉。例如陆小曼，她的父亲原是当时财政部的赋税司司长，她上过最好的女校，会说四国语言，才配得上才子徐志摩。不要以为陆小曼是不学无术、只靠老爸的人，如果你这样以为就错了。所以，奉劝那些喜欢做白日梦的女人，不努力而妄想有好的结局，是不可能的。女人的好命都是自己管理人生、经营人生的结果，而不是"一朝闻名天下知"的命运巧合。即使有巧合，概率也是非常低的，更不用说有这样的巧合后，我们必须付出的努力。

很多人想要靠学业或工作或婚姻摆脱自己悲惨的命运，比如，山区或者农村的孩子们从小就想接受教育，考上大学就能够走出去，成为高贵的城里人；很多人都相信毕业后的一份好工作是自己的终身依靠；很多人幻想着有朝一日凭着自己的美貌或者清纯能飞上枝头做凤凰，成为小姐妹们羡慕的对象。事实上，我们有诸如此类的梦想并没有错，错的是我们用错了方式。

我们以为，事情能如我们所预期的那样，上天能够给我们一次机会。事实上，老天只助自助者，每个人的成功都只遵循一个模式，那就是不断地积累，不断地提高自己，使自己在社会上处于更高的阶层，并不是找到一个好工作或者好老公就能够升上一个阶层，就万事大吉了。如果没有我们平日对自己的严格要求，没有不断的进步，不懂得好好经营自己的人生，这些基本上就属于白日做梦。

我们只有打破白日梦，才能够认清现实、接受现实，继而使自己更加努力，更加成熟，使自己的人生更加成功。现实中，阻碍我们成长的白日梦大概有以下三种：

第一，"纯真"使我们的人际关系更融洽。这种思想是落伍的，纯真的确是一种难能可贵的品质，不过只有孩子和少女的纯真为大多数人所欣赏和接受。二十几岁的女人一旦进入职场或工作状态，只有职业技能和亲切的态度，才能为你带来和谐的人际关系，被大家所欣赏。

第二，所谓的好生活不需要特别经营，只要善于抓住机会就可以了。等待上天的垂青是一种最没出息、最无奈的选择，我们要相信，幸运是靠自己拼搏出来的，而不是上天给你的。弱者相信命运的安排，强者相信自己的选择，人生需要经营，需要逐步上升，而不是一步登天。我们要安排规划好自己的人生，不断修炼，使自己的人生处于不断上升的状态。

第三，情感使我们的生活更丰富，我们要用自己的直觉和感性认识去做事。这是所有女孩子最容易犯的错误。相信自己暂时的感受，而不听别人的劝告，容易固执己见。女孩子最大的弱点就是容易感情用事，任性轻率地选择和决定自己的未来。所以，当面对人生重大的转折时，我们要更加慎重、更加理智地考虑自己的将来，而不是盲目地跟着感觉走。当我们摇摆不定的时候，我们要请教比我们有经验、比我们优秀的人；而不是头脑一发热，就任意妄为。我们要审视自己以往做的每一个决定，找出导致自己失败的真正根源，在下一次做决定时，慎重、理智地做出最真实、对我们最有利的决定。

无数事实证明，灰姑娘的美梦，大多数是幻想，是不会轻易实现的，所以，我们能依靠的就是自己，依靠自己的努力去奋斗，去争取一个属于自己的社会位置，依靠自己去创造和寻找机遇，使自己的社会地位不断上升。靠自己的气质内涵而非美貌，去吸引白马王子的注意，选有潜力而且上进的男人做我们的伴侣，而不是完全以财富和地位去衡量一个人是否优秀。

二十几岁的女孩，打破现实中阻碍我们好命的那些白日梦吧。而站在云端的女孩子迟早有一天会意识到自己依托的是最不可靠的东西，会摔得粉身碎骨，而徒叹奈何。我们要及时清醒过来，这时从云端走下来还不会太迟，否则，等我们老了，就禁不起摔了。

女人的悲惨命运在于对现实认识太晚

女人真正的悲惨命运，不是老天给的，而是自己选的。所有女人的悲惨都是因为对现实认识得不足或者太晚。

当你25岁认清现实的时候，你已经没有太多时间和耐心取得学业上的进步，因为你要花时间谈恋爱，而别人也许在这时已经成为一个精英；当你30岁认清现实的时候，你已经交往了一个自己不是很爱、素质也不是很高的男朋友，而且这场马拉松恋爱已经持续了很久，久到你没有力气再谈一次，所以只好选择结婚，和他过平凡的日子；当你35岁想离婚的时候，你已经没有勇气去面对家人和离婚的后果了；当你40岁认识现实的无奈时，你通常都有了孩子，此时却没有了美貌和志气。这时，你想得最多的不是离婚，而是怎样看住你的老公，因为世界上上进的女人比比皆是。这种女人在大街上随便就可以找到一打，蓬头垢面，没有自我，工作中只有工作和孩子；买不起名牌，只好拿A货充场面；一份朝九晚五的工作，刚刚能够养活自己，没有更大的野心，也没有更强的能力，整天生活在无聊的办公室“战争”和对老公的疑神疑鬼里，无奈而心酸地活着。这一切仅仅因为一点：当年她没有及时认识到现实的残酷。

也许仅仅是晚了一点儿，我们就晚了很多。所以，让我们在二十几岁的时候就开始认识现实吧，也许还可以更早一点儿，但22岁是个还不晚的年龄。当我们做了错事，大家还不至于苛责；当我们耽于享乐，我们还不会负债；当我们决定改变自己的生存状态，一切还来得及。

每个女人迟早都会变得现实，当你二十几岁的时候，你也许还意识不到安定的生活、有前途的工作、会赚钱的老公对于你来说是多么重要，你总以为自己会飞得更高，会像三毛一样永远闯荡在路上。事实上，一旦过了二十六七岁，你的生活就会渐渐地平稳下来；而一旦你有了家庭，你就会意识到自己原来嫌弃“俗”的物质越多越好。二十几岁，我们生活在世俗的世界里，却意识不到世俗的存在，这是一种感知的迟钝。

在小时候，妈妈就会给我们讲童话故事，关于白雪公主和灰姑娘，让我们认为所谓的幸福就是美丽、善良和单纯，就是一个高贵的爱人，王子和公主幸福地生活在一起。而学校则让我们更加耻于功利，学校教给我们正确的价值观和金钱观，却没有教给我们生活中大多数人对金钱价值的观念；学校培养了我们对于未来的理想主义，却没有告诉我们生活中的柴米油盐。

20多岁，我们崇拜“清纯”而蔑视“现实”，当我们明白“世俗”的重要性时，青春已经一去不返，努力上进的机会也被我们浪费了，而选择好男人的资格更是越来越少。你愿意看见这幅惨景吗？如果不愿意，我们就要从今天开始学着认识现实，学着“世俗”起来。

怎样做呢？首先要让自己不再混日子，要有明确的规划和目标，这样我们就能够过有规律的生活。虽然20多岁还是随心所欲的年龄，但我们要明白，随心所欲并不能给我们带来更多的好处，只有按照计划工作、积累、上进，我们才能够活得更充实、更理智。每一位大人物肯定都有自己的每日行程表，轻易不被破坏，我们也要把所有事情纳入规划，并严格执行。这也许看起来没有激情，很枯燥，但是生活本来就是这样。世界上许多大富翁的生活都是很枯燥的：他们很少换工作，买一两只股票并长期持有，等等。所以，我们按照行程做事，事实上是在建立生活的规律，也许不久以后它就需要调整，但这段时间内起码它是可行的，跟着它走会为你带来惊喜。

对现实有一个简单但深刻的认识，我们可以没有理想而生活一个月，但不可能没有食物而活过一星期。只有物质上富足了，我们才能够有精神生活；只有自己满足了，我们才能更好地帮助他人。孔子所说的“修身，齐家，治国，平天下”，孟子所说的“穷则独善其身；达则兼济天下”，都是要求人们在满足自己之后再去照顾别人，所以如果今天你还在花父母的钱，就没有必要妄谈金钱罪恶论；更不能大手大脚，铺张浪费。

抛弃一切不顾实际的想法，诸如“拥有爱情可以克服一切”“只要胸怀远大，就可以实现任何梦想”等，事实上，世界并不是我们想象的那样。我们只有不断地积累自己的实力，锻炼自己和他人交往的技巧，才可能变得更加成功。

现实地对待生活，不断地积累经验，管理自己的人生，才可能实现物质的丰富。有了世俗的物质基础，实现梦想才不至于遥遥无期。

所以，20 多岁的人与其迟早无奈地变成一个凡夫俗子，不如早一天理解现实的环境，将命运掌握在自己手中。自己的人生由自己控制——我们必须先认清现实，才不会落下命运悲惨的境地。

认不清现实，就不知道该“怎么活”

20 多岁年轻的女孩子不缺少梦想，无论一个女孩子多么现实、多么短视，都有自己的梦想。不同的是，有的女孩子只是想想而已，她们的梦想要么不切实际；要么即使能实现，也因为没有明确的目标和规划，没有及时努力，而最终成为幻想。所谓“一步做错，步步走错”，我们一定要想清楚自己到底想要什么，到底要“怎么活”，才能够活得精彩，获得幸福。

有智慧的女孩子们，无论想做什么，理想是大是小、是近是远，她们都能够想得很清楚、很明确，她们会通过自己的计划一步一步地去实现，最终实现自己的愿望。

这样的女人，看起来也许并不忙碌，工作也不是最出色的，但是因为她踏实而取得快速的进步，让人觉得她是运气最好、事业最成功的。实现梦想是一件有风险的事，而明确的计划能够让我们避免许多陷阱和诱惑，风险也就相对减少。一定的积累，会让我们的经验更丰富，能力更上一层楼，有了更多的资本才可能以小博大。我们一定要想好，到底"怎样度过自己的一生"才能够让梦想照进现实，才不会行差踏错。

首先，我们要保证自己的梦想是现实的，可以实现的，而不是一些天马行空的幻想。比如，一条鱼想游泳，就是现实；一个人想游泳，就是梦想；而一只小鸟想游泳，只能是幻想。我们要对自己能够达到多高的高度有一个判断，对自己在哪方面有优势、哪方面不擅长要有清楚的认知，你能够达到什么程度的成功都是有限制的。

其次，我们要为自己实现梦想制订一个行之有效的计划。无论你的梦想有多大、多长远，都要有严密的计划支持，才可能达成，否则就会成为竹篮打水一场空。让我们看看阿诺·施瓦辛格是怎样从一个十多岁的穷小子成为美国州长的。经过几天几夜的思索，他做出了以下计划：要竞选州长必须得到雄厚的财力支持—要获得财团的支持就一定得融入财团—要融入财团就需要娶一位豪门千金—要娶一位豪门千金必须成为名人—成为名人的快速方法就是做电影明星—做电影明星前得练好身体，练出阳刚之气。就是凭着这一串规划，一个名不见经传的穷小子在57岁时竞选成为美国州长。

今天如果你想成为一个好命的女人，就要明确自己想要什么，并为自己想要的东西制订一连串的计划，有了明确的规划，表面上看起来和以往没有什么不同，但是因为看得远了，眼光宽广了，做起事情来就会更主动，也会更清晰明快。相信经过我们不断的进步和积累，自己早晚会发生质的变化，从一个一无所长的丑小鸭，变成众人瞩目的白天鹅。

我们通过制订计划，不仅能很快明确自己人生的旅程，也能让我们每一步的行动有章可循。就像每一个项目，我们都有一张进度表一样，我们也应该为自己的人生制定好进度表。

最后，我们的规划要以现实为依据，最终回归现实；而不是以猜想为依据，最终回归幻灭。我们制定每一项规划，都应该考虑自己的实力，越是能力弱的时候，进步越是缓慢，而一旦步入正轨，进展就会变得神速，因此我们要把第一阶段的目标定得低一些，实现的时间定得长一点，这样才能够鼓励我们完成后面的任务，而且不惧怕失败。我们要依据周围的现实调查而来的结果，来确定任务以及判断形势，而不是凭空臆测或者仅凭自己的直觉。

总之，无论什么梦想都是可以实现的，关键是看我们身边的境况怎样，有没有明确的规划和不断的努力，这样才能让梦想的阳光照进现实的空间。每一个女孩子，都应该自我审视，然后调整自己的理想和规划，调整自己做事的方式。当关键时刻到来，我们才能够做出对自己最适合、最有利的选择，才能够实现自己的梦想。

二十几岁，我们一定要想好“怎么活”，这样我们才能在前进的道路上有更明晰的目标做指导，有更坚强的信念来支持，才会坚持得更久、走得更远。

把控自己的命运，做理智女性

命运是可以改变的，每个人的命运都掌握在自己手中，而不是靠上天的赏赐。我们想要自己过得更好，就要明白不能依靠别人，而只能依赖自己；不能感情用事，而要学会理智地分析现实。女人需要的不仅是现实，还需要理智。

感情用事的女人，一般命运都不是很好，因为感情往往会让我们迷茫，会让我们吃亏，甚至牺牲。尤其是传统观念要求女性的牺牲精神，如柔弱、宽容、忍耐、牺牲。现代社会是一个男女平等的社会，我们要用理智掌握命运的天平，在我们该争取的时候，绝对不能退让。

李小姐和她的男朋友原先都是办公室的职员，后来，他们两个就成了竞争对手。因为上司要从他们两人中挑一个人做领导。出于感情上的考虑，李小姐把机会让给了男友。但是男朋友并不高兴，因为他觉得自己目前的地位全赖女朋友的施舍，很没面子，不久就和她分手了。后来李小姐每次看到他都很尴尬，公司其他人的冷嘲热讽更是让两人受不了。李小姐只好辞职，到另一个人生地不熟的公司重新开始自己的职业。这时，李小姐已经比别人落后了很多，不但恋情受挫，事业也得重新开始。

感性的女孩子往往认为自己亏欠别人太多，她们总是因为电视剧和言情小说而潸然泪下，觉得世界上除了爱情就没有别的。当她们享受父母的供养时，从来不会想到经济的压力，一旦开始独立生活，就拼命地花钱来弥补自己工作的辛苦。她们本身没有公与私的分界线，总是和同事们分享私事，又把工作的压力带给私交好友。她们处世往往糊里糊涂，得罪了别人，还得意扬扬地觉得自己做得很好。她们靠直觉和感性去评论和看待周围的人和事，用任性的态度去处理事情。她们从来不知道自己的任性给别人带来多少伤害，也不认为感性是一件坏事。

有人认为这样的女孩子很可爱，起码她是真实、不虚伪的，和这样的女孩子无论是相处还是恋爱，都比较和谐，受到的伤害都不会太大。但是当真正遇到关键事情的时候，我们就会发现，这样的女孩子会像一只无头苍蝇，遇事冲动，不冷静，做事没条理，不考虑后果；心软，没有原则；同情心重，不辨是非；很多时候是不顾大局的。这样的女孩子经常一生操劳，而一无所获。

而另一些女孩就幸运得多，她们是精明的，但却把自己的精明隐藏得很好，外表上看来，她们亲切、和蔼，很乐意让人亲近。做事时总是有条理，可能她们的先天条件不是那么好，但是她们总是在很缓慢地进步。每天做什么事总会有自己的计划，从不轻易打破。她们看起来随和无碍，可一旦触到她们的底线，她们就会像一个刺猬一样。她们遵循公平原则，以为世界上的所有东西都是交换的结果，她们不会自讨苦吃，不会平白无故地让谁对自己好，也不会无故地对别人好。遇到事情时，她们总是头脑清醒地分析问题，对事情轻重了解得非常明白。她们不会无理取闹，也不会轻易饶恕无理取闹的人，所有人都尊敬和佩服这样的女人。她们总是用自己的理智和智慧把事情处理得很好，做事情看起来总是不慌不忙，从容自若。她们的朋友比谁都多，成绩收获比谁都大。

是的，现实需要我们用理智去把握命运的天平。有一位女孩，为人很现实，无利的事情绝对不做，甚至是利小的事都不会去做，但却栽在一桩现实的婚姻里。她的男友英俊、有钱，社会地位也不错，对她很好，男友的家人待她也很好，当时是一桩人人看好的婚姻，她很自得地以为自己捡到一个宝。她的父亲却忧心忡忡地问她："这样一个好男人为什么会轮到你来选？"当时，她回答道："这就是缘分。"结婚不久，她就得到了答案，那是个虚伪自私的男人，他的一切好只不过来自他的伪装。

是的，我们有时候在选择的时候要问问自己"我是否配得上？"无论是婚姻还是工作或是事业，我们都要理智地问问自己，不能单纯以缘分论之。例如，有一份工作，每月有几万元的收入，而你本人没有很高的学历，也不用付出太多辛苦，那么这个好工作为什么会砸到你头上，而不属于别人？它是否是一个陷阱？遇到这种事情都需要思考一番、验证一番，才能够让我们的选择更理性、判断更正确。

命运的天平向来掌握在我们自己的手中，它的一方是感情，另一方是理智。当我们只用理智博取最大利益的时候，我们就会变得冷血；而当我们只用感情来衡量世界上的一切事物时，命运的天平就会失衡。世界上到处是哈姆雷特式的疑问和抉择，我们很多人都会摇摆不定，这时，我们要用智慧找一个感情与理智的平衡点。

大多数女孩子都是很感性的，尤其是二十几岁年轻的女孩子，常会因为冲动而误事，所以，我们务必用自己的理智去掌控命运的天平。

世俗的智慧让女人找到人生的解法

当我们打破了美好的白日梦以后，就应该在现实中寻找真正属于自己的幸福，寻找属于自己的机会。只有把握好我们拥有的，并用我们现有的资源，不断地博取进步，不断地赢取更多实力，我们才能够实现自己的梦想。世俗的智慧告诉我们，只有适应现实世界，我们才能够找到人生的解法。

无论你是否承认，经济基础都将最终决定你的社会地位和未来生活。如果你想做一个好命女，就务必建立坚实雄厚的经济基础；如果做不到，起码也要做到可以养活自己。只有经济获得独立，才能够让你不至于依赖别人。今天，如果你受过良好的教育，既然你有能力靠自己取得成功的社会地位，能够很好地生活，为什么还要把希望寄托于靠不住的别人，甚至是不现实的幻想呢？

要意识到，我们可以改变自己的命运，而不依赖任何人。今天，我们只有抓住所有属于自己的一切资源，才能够获得未来胜利的资格。我们要善于利用一切属于自己的资源，这就是"世俗的智慧"。

我们还有哪些资源没有足够地利用起来呢？如我是一个年轻的女孩，这就是我的资本。我有着大把的时间和精力供我取得成绩。所以，我们要首先利用好自己的时间，安排好进步的课程，这样才能超越其他女孩，成为最早成熟的女人，而这样的女人大部分是比较好命的。如果家庭有能力，我们就能够接受更好的教育，使自己拥有足够的知识储备，以便以后在职场和事业上有足够的能力去冲击。

我们认清了现实，打破了阻碍我们好命的白日梦，这就是我们最大的优势和资源。当其他女人还在懵懵懂懂时，我们已经清楚自己想要什么。当其他女人还在向上苍祈求一个更好的命运时，我们就已经在为自己的命运打拼了。当其他女人还在糊里糊涂地生活时，我们就做出了最适合自己、最合理的规划，并为达成最终的目标而按照行程前行了。我们只需要按照自己制定的规划，踏踏实实地走好自己人生的每一步，当到了三十岁时，我们就会比其他女人活得更轻松、更从容优雅。这就是我们将有的命运，我们清楚地知道这一点。面对每一双轻视的眼睛，我们都能够回以最自信的笑容，坦然地告诉他们“十年后比比看”。

我们所有的资源都来自女人的自信，来自对现实的清醒认识，来自清晰的人生规划，来自一个女人“世俗的智慧”。我们要知道，一个女人的幸福不是来自家庭的优越条件，也不是依靠丈夫的施舍，而是来自我们自己的努力，意识到这一点非常重要。

如果你意识不到自主的重要性，你将失去前进的动力，你的未来也将掌控在别人的手中，这是最悲哀的状况。不要奢望现在每天都能够疯狂购物，能消磨闲暇的时光，只要努力，到时就有最好的生活等着我们。每一分收获都有代价，做一个成功自主的女人，代价就是放弃浪漫的幻想，踏实地积累生活经验。这样做也许会比较累，但我们不必看别人的脸色过活，也不用担心有朝一日色衰爱弛。做一个“嫁个好老公，少奋斗 30 年”的女人，也必须付出她的代价，那就是等待时的恐慌，因为她不一定会遇到这样的男人；即使遇到了，别人也不一定会选择她；即使选择了，她也会整天生活在疑神疑鬼里，生活在未来无着落的恐慌里。命运掌握在别人的手中，这是最大的悲哀和无奈。

现实中，许多女人都愿意做“睡美人”，专心地等待王子的吻；而不是决定自己醒来，追求美好的生活。在这方面，我更喜欢“美人鱼”，无论是不是悲剧，她起码可以自主地选择自己想要的命运。

有一个女孩，在上学时，她相信头排的那个爱说爱笑的男孩子就是她的真命天子。但是，那个男孩子家庭条件非常优越，本人也很上进，从来没把她看在眼里。她并没有自怨自艾，也没有打扮得花枝招展来吸引他的注意力；而是努力地打拼、上进，成为他的同桌（当时的座位是按照成绩排的）。后来，她以自己风趣的谈吐和对生活的智慧，征服了当时最优秀、最骄傲的男生。当然，她的好命运也就从此开启了，不仅仅是爱情上的胜利，而是学业和生活的双丰收。而当年仰慕她的丈夫的其他女孩子，都没有她过得好。

因为她用智慧经营自己的人生，说到底，现实中真正属于我们的、最有用的资源，还是自己的智慧！如果我们能够早一天认识到这个世界是什么样的，早一天摒弃我们天真的幻想，我们就能够早一天拥有这种女人的智慧。那是一种对人生的豁达和对自己命运绝对有把握的感觉，非常美妙。

现实本来是一种虚无缥缈的东西，但它却影响着每个人的一生。有一句话说得非常好："现实就是生存、世俗、规则轮流上来抽你的耳光。"我相信这是一个由天真、不情愿地转向现实的女人说的。但起码有一点她说得很对，现实就是生存、世俗加上规则，一种很理智、很程序化、既不美也不浪漫的东西。如果我们早一点运用自己的智慧来化解现实，那么它就是一种规则的美。如果想象一下，我们的世界是按照某些人想象的那样安排，是那样地天真和浪漫，那么由谁来承担生存的责任呢？我们的世界又会变得怎样混乱呢？许多人都说现实世界是不美丽的，是很残酷的，但是我们承担得起世界变得浪漫的责任吗？

所以，我宁愿世界这样现实。因为只有如此，我们才能够遵循一个规则，世界才会比较公平和有规则。如果我们想在这个残酷的现实世界中过得更好，我们就要紧紧把握住自己所拥有的资源，就要运用自己的智慧，把握好我们的命运。

现在开始拼搏，是最踏实的活法

女人的命运在于选择，只要我们在每一个命运的转折点做一个正确踏实的选择，就会比我们拼命地奋斗、拼搏更胜百倍。无论是哪个年龄段的女人，都应该好好把握自己的命运，做出最理智的选择，尤其是年轻的女孩更应如此。

几乎所有关乎我们命运的选择，都是我们在 17 岁到 30 多岁这段时间选择的，比如，上哪所大学，选哪个专业，是否考研；进哪家企业，是否跳槽；和怎样的人认识，和谁恋爱，和怎样的男人结婚；是要做一个轻松但经济不自主的家庭主妇，还是做一个女强人；是满足于做一个听命的小白领，还是做一个让很多人听你命令的"大姐大"，等等，都是我们需要考虑、需要选择的。这个世界上没有什么是可以白白得到的，想得到就必须要付出。

用最小的付出去获得最大的收获，是每个人都向往的，但不是每个人都做得到，选择愿意搭乘别人的豪华轿车，还是自己步行来达到我们的梦想。当然，两者都有代价，当选择来临时，我们要用自己的理智来考虑问题，而不是仅仅凭着女人的直觉或者感情用事。我们要知道，女人都是比较感性的，所以，面对选择时，我们要冷静。当那些看起来很浪漫、很美的事物来到你身边时，你要看清楚它是不是一个梦境。

梦境虽美，但终究是不实用的，世界上很多事情就是这样，实用的不美丽，美丽的不实用。在这个现实的世界中，最重要的就是，我们要进行一个现实、踏实的选择，而不是听一个美丽的童话。再美丽的珍珠盒子也不可能镶嵌在首饰上，更不可能比珍珠有更大价值，但许多女人都有买椟还珠之举。

命运就是由一颗一颗选择的珠子穿成的一串光环，有的人被命运束缚了，有的人懂得用自己的智慧去转动光环上的每一颗珠子，用选择来改变自己的一生。有的女人把自己的错误看作命运的捉弄，有的女人把命运的捉弄变成了胜利的果实。

历史上唯一的一位女皇帝武则天曾经长时间地做过太宗的才人，但因为太宗迷信武姓会断送掉他们李家的天下，所以长期以来，武则天只是一个小小的才人。她天生貌美，聪慧过人，在太宗身边也出过不少力气，做过不少努力。只是她遇到的是一个有着贤臣辅佐、而不缺少她的太宗，所以，她被刻意忽视或者提防。于是，武则天选择了孱弱的高宗，在他还不是太子、不是皇帝的时候，后来，高宗果然把她送上了皇后的宝座，最终让她成为一个俯视天下、指点江山的女皇帝，达到了她生命的制高点。

武则天以她曲折的人生经历告诉我们，女人的成功靠的不仅仅是拼搏，不仅仅是浪漫，更是现实的选择。也许今天不再是一个以男人为天的世界，但是我们的幸福很多时候还是要靠和我们的另一半一起去创造。所以，在人生的每一个转折点，我们都要睁大眼睛，做出最明智的选择，而不是在浪漫、幻想与纠结中懊悔地度过一生。

爱情不仅需要有理想、梦幻，更需要有最现实的面包。我们不能够离开物质而生活，精神也不能够离开物质而存在；当然，我们也不能做一个一切以物质为主的物质女郎。我们起码要能够做到，有足够的物质能够维持生存。当我们在温饱以后，有更高的理想追求。这才是生活，才是我们要的现实。

不管我们是否承认，现实是难以改变的，所以，为了改变我们以后的命运，我们有必要做出选择。今天，我们就做出第一个选择：我们是要当一个踏实的现实女，还是要做一个总是在生活在梦里的浪漫女。如果你选择做一个浪漫女，你不妨继续趴在办公桌上做你的美梦；如果你选择做一个现实女，你就必须从现在开始，理智地审视你过去的选择，审视你为什么总是没有别人的命好。

我们不可能选择家庭环境，但可以选择命运，我们不能够改变既定事实，但我们可以努力使明天过得更好。为了有更光明的未来，今天我们必须要对现实有更多的了解和认识。很多女人认为自己很了解现实，其实她们对现实的认识只有幼稚的程度。所以，从现在开始，我们要认真踏实地对待我们面前每一个可能的机会，认真现实地做每一次人生的选择，而不要让自己的浪漫和任性毁坏了我们的命运。

22 岁以后的女孩子对于现实的认知还懵懵懂懂，对未来还有着不切实际的浪漫幻想。如果我们希望自己以后的人生道路更加顺畅，就要摒弃那些浪漫的、不切实际的想法，而做一些实际的、踏实的选择和努力。

正视现实，才能抓住当下的幸福

我们可以暂时屈服于现实之下，却不能认命。对现实的低头，就是因为现实，在达到目标之前，我们可以走一些曲折的道路。而对现实认命，则是代表着我们放弃自己的梦想，放弃我们的人生目标。所以，我们要在 20 多岁时学会勇敢地面对现实，才能在 30 多岁时不会错过幸福。

我们许多人都有梦想，但是为了生存，有时我们不得不学着向现实低头。这并不意味着我们会放弃梦想，相反，我们正在通过一种特殊的方式慢慢靠近梦想。有的人有理想，但现实中不存在实现理想的条件，他又不肯向现实低头，最后只会抱怨世俗，甚至由于绝望而结束生命。

海子就是一个很好的例子，如果他能够忍受现实中卑微的生活，或者他能屈能伸，学着写能让自己生活很好的剧本，等条件好一点以后，再来写自己钟爱的诗，就不至于被淹没在城市的水泥森林里。他写的诗歌很美，但这不是一个诗歌盛行的年代，为此，我宁愿他生在唐朝。认不清现实让他沦丧了，而我希望所有怀揣梦想的人，如果现实中不具备让你实现梦想的条件，你就低一低头吧。

我有一个同学，在中学时他写的作文特别好，经常被老师当作范文来讲解，有时甚至复印上百上千份让全校同学来学习。老师预言，他将是一个文学方面的天才。但是，他报考学校的时候只是报考了一所技校，我们都很怀疑他的选择。他只是说："我的文字水平不足以引起北京大学或清华大学教授们的注意，我的家庭也不允许我上任何一所大学，所以，生存第一位。"后来，我们了解到他靠自己的技术在一家事业单位当了一名科长，工作很轻松，业余时间，他就充电上一些文学补习班，有时还会写一些稿子投给杂志社，过得非常舒心。而我相信，总有一天，他会实现当年的理想——"做一个纯粹的文人"。

当现实与理想发生矛盾时，先向现实低头，但不认命，解决了生存问题之后，用自己的努力和智慧使自己回归到过去的理想的道路上去，这是我看过的最好的处理方式。像巴尔扎克那样有勇气和才情的人这个世界上并不多见（巴尔扎克的父亲要求他从事律师行业，但这位喜剧大师拒绝了家庭的援助，被经济制裁了一阵子，就因为他要在文学道路上发展，最终凭着他的才华，在几个月内就在当时的文坛站住了脚，并最终成为一代大师）。我们中的大多数人，都是对理想感兴趣，但并不一定有天赋，也不一定能够在这方面闯出一片天地。如果你对理想没有必胜的把握，对现实低头吧，这意味着我们可以更踏实地努力，从另一条小路达到我们的目标，而不是认命。

我们可以改变自己的命运，但那是建立在认清现实的基础之上。暂时对现实低头，就意味着我们可以用女人的智慧最终战胜现实的束缚。这是那些喜欢做白日梦的女孩子做不到的，这是不是一种超越同龄人的表现呢？

只有我们认清现实，勇敢地面对现实，才能够通过不断努力，改变自己的处境。22 岁以后认清现实，才能够在 30 多岁时不被现实束缚，不会错过30多岁的幸福。如果20多岁时我们在荒唐和浑浑噩噩中度过，我们就会少了很多进步的机会，也就少了很多竞争优势。想一想，当你30多岁时还和公司新进的20多岁的小妹妹级员工一起竞争的情形，那将是多么尴尬、难堪，所以我们还是应该及早认清现实，及早拼搏进步。

只有靠不断积累，我们才能够拥有更丰富的经验、更强的能力，才能够拥有更好的人生前景，这些是大家都能够意识到的。但是，有很多的女孩子都在理想和现实中徘徊，不知道是要坚持自己的理想道路，还是向现实低头。我认为，生存是最大的现实，也是最大的理想，离开了生存，一切都是空谈，所以，我们要学会向现实低头。认清现实，勇敢地面对现实，改变现实处境，才是我们20多岁应该做的事。人的一生很长，我们还有很多时间去实现理想，所以，不用着急，俗话说“留得青山在，不怕没柴烧”，所以，生存第一位。

我们一定要以自己生存得更好为基准，然后慢慢地改变自己的境遇，当现实条件具备了，我们实现理想的时候也到了，属于我们的幸福也就不期而至了。

Chapter 3

越身处艰难，越不能向所谓的命运低头

绝不安于现状，生命中有一种养料是冒险

女人最容易在困境中认命，在自己低谷的时候向别人妥协。每个女人都有软弱的时候，都有遭遇困难的时候，就要看我们如何看待自己遭遇的困境，如何应付环境的不尽如人意。有时候，冒险也是生命中的一种养料。

20多岁的女人要学会让自己冒值得冒的险，人生就是一连串的冒险和巧合，想要摆脱困境，冒险不失为一个好的方法。然而，冒险也是有限度的，我们只能冒值得冒、也冒得起的风险。如果明明知道前面是别人挖好的陷阱，还义无反顾地跳下去，或者不能肯定自己是否承受得起风险失败后的后果，这样的冒险就是一种愚蠢的行为，而不是为了改变自己的境遇做出的选择。

我们的生命在冒险中会散发出不一样的光彩，这是很多男人的共识，却很少得到女人的肯定。很多女人更愿意过平淡的幸福生活，而不想改变自己的境遇，因为太大的冒险刺激会让她们脆弱的心灵难以承受。在等待结果的过程中，一个女人会逐渐憔悴，受到折磨。

年轻的女孩子要让自己多经历一些波折，多冒一些险，这样日子才能更丰富多彩。人生更多波澜，才会有更多可回忆的东西。平淡不是不好，而是不适合我们年轻的心，我们需要的是丰富而有情致的生活，需要的是不断地积累上进带来的成就感，需要的是活跃明媚的情感。对于每一个年轻女人来说，为了改变自己的境遇，要有勇气迎接事情的变化，迎接人生中的冒险。

与其被困在人生的低谷中，不如通过冒险来改变这种状况。如果冒

险能改变我们的境遇？打破目前的僵局，我们就应该予以考虑。毕竟人生就是一场冒险，在人生的每一个转折点，我们都要谨慎考虑清楚，也许在短期内最不冒险的方式，反而在长期内变为冒最大的险。在人生的低谷，我们就要懂得冒险冲出去的智慧，反正已经到了低谷，再低也不可能比目前的状况坏多少，倒不如拼一拼冲出去，也许会有更好的出路。

越是在困难的时候，我们越不能认命，只要能够摆脱原本的困境，就值得我们去冒险。然而，风险不是随便就可以冒的，我们必须保证自己可以承担后果，而且确定自己正处在困境和转折当中，冒险可以带给事情以转机，我们才可以选择冒险。否则，我们过着平静富裕的生活，像公主一样地生活着，为了寻找刺激而冒风险，这不是没事找事吗？我们要保证自己的冒险是为了生活得更好，而不是因为无聊。

我们可以向现实低头，但是如果低头改变不了我们的命运，我们就要学会反抗，学会冒险，让自己扼住命运的喉咙。古往今来，有多少英雄是因着冒险而成功的，陈胜、吴广因为自己将陷于被杀的困境而领导了历史上第一次农民起义，无论成败，他们都是历史的英雄。红拂女不想做一个平凡的侍女，冒着被抓的危险，夜奔李靖，在历史上留下了浓墨重彩的一笔。

由此可见，如果我们不想认命，就必须在困境中冒险，而不是等待上苍的垂怜，老天只助自助者，只有我们愿意冒风险，老天才会帮我们从泥泞中走出来。如果我们自己什么都不做，顺从命运，就失去了对自己命运的把握，就会被别人操纵，也就失去了摆脱困境的可能。

20 多岁的女孩子正处在事业的上升期，我们的家庭、事业还没有稳定，有很大的改变机会。如果等到 30 多岁，我们有了家庭的负担，那时再想冒险改变自己的境遇，不仅失去了很多好的机会，现实的残酷也将不允许我们的生活再起波澜，我们自己的心境也将趋于平静，那时就不是改变自己命运的阶段了。

人生要多一些历练，尤其是在尚且年轻的时候，22 岁是一个很适合历练的年纪。我们已经经历了冗长的求学生涯，有些不耐烦，甚至有些流浪情结了，为什么不趁着公司外派或者其他机遇让自己冒一把险，让自己的生活有一些改善呢？也许这正是我们人生的转折点，我们将从此走向辉煌呢！为了不向命运低头，年轻的我们去冒险吧！

想要活得精彩，就要有不安于现状的勇气

面对死水一样的平静生活，只要有勇气改变现状，就能让自己从困境中或者既定的命运中走出来。

不安于现状是我们走出既定环境的一种动力，如果我们对目前的环境不满，但还不确定自己要什么，或者感到还过得去就得过且过，那么，我们是不可能走出去的。就像易卜生的名著《玩偶之家》中的“出走的娜拉”，如果不是认清了丈夫的虚伪，如果不是她希望得到尊严和独立，她恐怕还是一个温室中的花朵，怎么会有离家出走的想法呢？所以，是她渴望独立的想法迫使她必须出走以改变自己的命运。有时候，命运就是这么离奇，我们总觉得自己的处境已经很好了，而一件小事就能够让我们认识到自己处境的不佳，让我们生出改变自己既定环境的想法，大家都有这种体会。

有一位女孩是这样爆发的：她本来拥有一个很幸福的家庭，生活得很平静，老公和她都是上班族，小孩也很听话。但是，有一次小孩被烫到了，虽然伤势并不严重，但是他们等了几个小时才挂上号，而小孩哭了几个小时。旁边就有一家私人医院，水平很好，甚至会有护士一路带你直接就诊，但是因为他们刚刚要了小孩，经济紧张，去不起那家医院。女孩从此看清了平静生活下的危机，她觉得自己的幸福是一种假象，萌生了不再让自己

受金钱制约的想法，几年后她就通过自己的努力，让家庭变得更加富裕。

我们也可能因为一件小事，而产生改变自身境遇和命运的想法。一件小事往往可以成全你，而平时，只要我们有心，就能够找到改变自己境遇的理由。不要轻易相信平静幸福的生活，表面的平静下面往往隐藏着巨大的危机，一旦我们认识到它，就会激起自己拼搏的决心。

不屈服，不认命，才能够找到人生的出路，改变自己既定的命运。安于现状，会让我们隐藏在平静生活的假象之下，认为自己得到的、拥有的就是最好的，而不想睁眼看看外面的世界，只围着自己平凡的工作、幸福的小家转，忘记了外面的繁华。虽然作为一个女人，这没什么不好，但是如果你是一个好胜心强的女孩子，就会发现，比我们的生活方式好的有千百种，原本我们可以更好、更幸福地生活，暂时平静的幸福不过是自我欺骗。

有时候，不能够想象丰富多彩的生活，是因为条件不允许。我们的生活有太多的波澜，因为我们习惯了风平浪静的生活，反而以为这就是生活的真相，事实上，我们完全可以过上另一种生活，一种有情趣、生动、活跃的生活，这是每一个女人都盼望的。如果你想要，就马上投入到这种生活中吧，带着你对未来的向往，带着你对激情生活的期盼。

改变自己的命运，找到更好人生的出口，必须依靠我们的目标和智慧。

我们难道满意上天给我们的命运吗？我想大多数的女人是不满意的，但是她们又不知道该怎样掌握命运。在我看来，就是要为自己确定一个长远的目标，然后用智慧和打拼慢慢去实现它。

有理想，才有出路，正像有方向，才能够达到目标一样。20多岁的女孩子，不能只满足于目前你拥有的，一定要让自己有更大的理想，才能够自己掌握命运的方向，才能在遇到困难时不认命。

想要成为公主，你就要有公主的自信

女孩子一定要有自信，我们可以不漂亮，也可以不温柔，但是一定要自信，有自信就会让我们拥有一切。相信自己是一个公主，就会不自觉地高贵起来，相信自己是一个美丽的女人，脸上就会散发出美丽的光泽，自信让我们更有魅力。

20多岁的女人，要让自己拥有公主一样的自信，相信自己的能力比别人更高，把自己的行为和思想变得更加高贵，努力增加自己的个人修养和魅力，才能让自己过得更好。把自己当做公主一样宠爱和珍惜，别人才会更加珍惜你。

越在困难的时候，越不能放纵自己邋遢，不能让自己狼狈，因为公主无论什么时候都是不慌不忙、沉着镇静的，任何时候都是温柔、高贵、整洁的。那些因为一点儿困难就丝毫不注意自己形象的女孩子只能让自己陷入更大的困境中；而任何一个肯下功夫打理自己的女孩子，都会被人们当作公主。

静是一个温柔大方的女孩子，在同办公室的女孩子们每天浑浑噩噩地过日子时，她总是把自己打扮得一丝不苟，每天精神饱满地上班，得体的妆容和打扮，脸上总是带着微笑，热情地和每一个人打招呼。她总是以一副精神饱满、积极向上的姿态出现在办公室里，任何人都没有见过她慌慌张张或者颓丧狼狈的一面。大家都以为她一定出身于大家，才能够练就一副镇定自若、泰山崩于前而不变色的本事。不久，她就嫁了一个社会地位很好的男人。大家都觉得那是应该的，门当户对嘛，不久才从熟悉她的同事那里知道，原来她的家庭并不美满。

她是一个大家族的次女，受到伯伯们的排挤，但是她并不认为自己很可怜，而是尽自己最大努力独自生活，打理好自己，让自己看起来就像一个真正的公主。

静最终得到了她想要的幸福，并不是她的身份带给她的荣耀，而是出于自己的努力。大家大概看过《汉武大帝》中的一段，王皇后为了避免自己的女儿嫁到匈奴，而训练宫女做公主，公主们说："公主是生出来的，怎么会是训练出来的呢？"原因不在于宫女很丑或者地位不好，而是她总是习惯卑躬屈膝，走路时习惯溜边，总是一副怯懦、自卑的样子，所以她冒充不了公主。

公主是怎样培养出来的呢？她们从小含着金汤匙出生，除了自家人，她们的身份地位比其他人都高，不免有一点骄纵。然而，她们从小就会受就严苛的训练，无论是行走或者站、坐的姿势，还是对自己穿衣打扮的要求；无论是睡觉，还是吃饭，都有严格的要求。在这种习惯之下，她们不可能有怠惰或者邋遢的一面，也不会让自己陷入狼狈当中，更不会觉得自己不如人，产生自卑的思想，她们是真正的天之骄女。

反观王皇后，她也并不是大家出身，还曾经嫁过人，以寡妇的身份嫁给了皇帝，但她从不觉得自己低人一等。她处事大方得体，善解人意，而且非常会笼络人心，圆滑有手腕，最终以一个二嫁的妇人成为皇后。

就算没有高贵的出身又怎样？就算我们现在还处在困境中又怎样？我们完全可以对自己打理，凭着公主般的自信，获取自己想要的东西。女人比男人有一个更大的优势，因为寻找一个比自己优秀的男人做丈夫并不会遭到别人的嘲笑和反对，这是社会对我们的宽容。

只要我们自信自己是一个公主，等待的是王子般的男人，就会对自己有更高、更严格的要求，对我们的交往对象也会有更严格的筛选，我们不会嫁给一个无所作为的男人，不会让自己无所作为地度过一生。

20 多岁的女人，要让自己拥有公主的自信，才能最终拥有公主的气质，最终拥有成功的婚姻和人生，改变自己一个平凡女人的命运。越在困难的时候，我们越不认命，把自己当作公主，我们最终就会变成公主。

大胆表现自己，女人不做“沉默的羔羊”

20多岁的女人不能做逆来顺受的“沉默的羔羊”，无论是遇到环境的不公平对待，还是“遇人不淑”，遭到了背叛或者虐待，我们都只有用反抗才能够让我们脱离目前的困境。

“沉默的羔羊”不会有人同情，如果别人不知道你承受的苦楚，那么你受再多的苦，也是自找委屈。如果你因为想获得同情而忍受，那就错了。一个人只有尊重自己，别人才会尊重你；只有你自己想反抗，别人才会同情你，才会帮助你反抗。一个自愿忍受不平等对待，自愿忍受折磨、虐待的人，就是一个自讨苦吃的人。“周瑜打黄盖，一个愿打，一个愿挨。”别人怎么会插手呢？只有你表现出自己不情愿、想反抗的意见，别人才能帮你。

有的女孩子习惯受了委屈或者伤害，悄悄地把眼泪咽进肚子里，既不向别人哭诉，也不想反抗，大多数自卑的女孩子才会那样做。女人的纯洁善良不是软弱的理由，我们要学会争取自己的应得利益，不再委曲求全，更不能无止境地宽容和忍耐。我们不能像羔羊一样怯懦，任人宰割，我们要学会争取自己的权利，反抗压迫我们不合理的压力，让自己不再吃亏。在平等的社会关系中，谁也不应该惧怕别人或者奴役别人。

遇到不合理的现象就要学会争执、学会反抗，而不是委曲求全、忍辱负重。在第一时间就表现出自己不能忍受不公平，不能忍受吃亏，不能忍受不合理的要求，才能让别人不敢轻易侵犯你的利益，不敢轻易欺负你。重视自己在第一次遇到不公平事件后的表现，才能够让大家知难而退，而不是成为人人敢于捏的“软柿子”。绝不示弱，让大家知道你不可以忍受的界限，才是反抗“总吃亏”的最好方法。

女孩子本本分分、规规矩矩地生活，在工作中任劳任怨，在生活中洁身自好，并不是不好，就怕别人利用我们的善良，而肆意地给我们增加压力，使我们总是处于吃亏的境况之中。如果我们服从别人的意愿并不能带给我们想要的幸福，那么我们就有必要靠自己去争取应有的利益，才能获得最终的幸福。

归根结底，女孩子成为“沉默的羔羊”的原因，是社会对女孩子的要求。在社会上，一般的女孩子都处于弱势群体，人们对她们的期望无非是顺从丈夫，顺从父母，顺从上司的安排。做一个温顺乖巧的女孩，是很多父母对女儿的期望，却忘了有一天，女儿也要进入社会参与竞争，她们会遭遇很多不公平的事，如果不争取，就永远得不到她们应有的或者想要的。作为一个社会的竞争者，我们必须靠自己去争取，而不能做一个“沉默的羔羊”。

其次，这与女孩子羞于争取自己利益的心态有很大关系。女性本身的懦弱和“羞愧”让自己失去了争取最基本权利的勇气，女孩子还会因为害怕人们说她们太功利而放弃自己应有的权利。其实这没有什么不应该，努力争取我们应该获得的利益是每一个人都应该做到的，不用为了同事之间的面子而选择放弃应得的利益。如果你以“与世无争”来安慰自己，这就太傻了。

现代社会赋予女孩子竞争的权利，我们不能再像鸵鸟逃避危险一样，以为挡住了双眼，就不会受到侵犯。其实，你认为退一步就会得到别人的好感和尊重的想法会使别人更加“得寸进尺”地侵犯本当属于你的权利和利益。20多岁的女孩子比较要面子，对于自己的权利和利益争取更加被动，而如果你属于这样的女孩子，一定要学会“拉下脸皮”，勇于争取自己的利益，不要因为自己“怕麻烦”而让自己吃亏。

要知道那些怕麻烦的“老好人”往往成为大家的“免费服务生”，还得不到别人的感激和尊重。初入社会的女孩子一定要知道，并不是你为大家做事就会得到大家的感激，我们要把主要的精力放在如何做好自己的业绩上。因为这是一个业绩说明一切、决定一切的环境，老板可不管你们私底下的竞争和阴谋，他只看最终是谁做出贡献、谁业绩好而已。所以，那些以为自己谦让一下或者多为大家服务就会得到别人感激和尊重的女孩子，想法就太天真了。

20多岁的女孩子一定要学会争取，学会反抗，不要让大家把你看成一个可以随便欺负而不敢吭声的对象，那对你没有任何好处。人必须学会捍卫自己的权利和利益，才能从既定的命运中走出来，让自己把握自己的命运。

别沉浸在痛苦中，你不是苦命女

如果你希望成为一个好命的女孩，而不是一个“苦命女”，就要收起痛苦的想象。要知道有一些困境来自你对命运的认定，而不是事实如此。

女孩子因为自身的敏感和细心，总是会有一些想象中的痛苦或者痛苦的想象。这是绝不一样的，想象中的痛苦是指女孩子的某些敏感造成的虚幻的假象，并因为这种假象而造成自己的痛苦；而痛苦的想象是指来自女孩子的自虐倾向，把自己想象成一个苦命无依的人，来博取众人的同情。当然，这两种情况都会造成我们的困扰，使我们陷入痛苦和困境中不能自拔。

一个女孩子的命运大多数和个人的想象有关，因为人会接受心理暗示。如果你把自己想象成公主，就会不自觉地高贵、自信起来；而如果你把自己想象成某部电影中的悲情女主角，不久你也会变得灰心丧气，属于你的悲苦命运也就不请自来了。尽管电影中的悲情女主角说不定最后会得到男主角的爱情，最终幸福地生活着，但现实毕竟不是电视，它不会按照你预定的剧本去演出。

一个男人很难会因为同情或怜悯去爱和娶一个女人的，而许多女孩子喜却欢做这种事。一个男人爱一个女人的唯一理由是欣赏，而不是同情。社会也一样，别人不会因为你的痛苦就欣赏你、可怜你、青睐你。但是，许多女孩子都有自虐倾向，认为自己是一个可怜人，认为自己不但出身不好，工作也低人一等，身边没有优秀的男孩子，而且事事不顺利，总是被别人为难。如果你总是这样想，你的状况就很难得到改变。

曾经有一位大学教授做过一个有趣的实验，他问大学生："根据'夏天'这个词，你们能够想到什么?"大学生们回答"热""难受""汗水"等；而当他向一群七八岁的小女孩提问这个问题时，她们想到了"冰淇淋""花裙子""知了"；当他向一群十七八岁的女孩子问这个问题时，她们想到了"比基尼""海滩""凉风""游泳嬉戏"。世界是同一个世界，为什么大家的感受却如此不同呢？不过是想象的差别。

一个总是认为自己苦命的女人，最终会得到痛苦一生的命运，而一个想象自己是公主的女孩子，就会用自己的努力去证明自己是一个名副其实的公主，最终也会得到和其他女孩子截然不同的命运。

也许会有人说，这有些绝对，但这就是事实。我的一个女友，在青春期的时候总喜欢看琼瑶早期的作品，总把自己想象成那些美丽善良却苦命的女孩子。但是她本身并不美丽，总是皱着眉头，一副苦相，于是闹了很多东施效颦的笑话。她的整个青春期都过得不好，因为沉迷于这种想象和各种小说中，她也忽视了对自身素质的培养，最终考上了一所大专院校；后来工作以后，她也总是习惯性地带着一副苦相；最终，她嫁给了一个同样苦闷的男子。我想她的命运很难有翻身的机会。

女孩子们一定要慎重地对待各种言情小说的影响，不要让自己沉浸于那种情绪不能自拔。学会面对现实，学会乐观，才能够最终得到快乐，痛苦的想象只能给我们带来痛苦的命运。任何男人都不会喜欢一个整天纠结的女孩，任何男人也不会觉得痛苦的女人有多伟大，我们要认清这一点，让自己生活在幸福快乐的想象当中。

除此之外，女孩子还总是习惯性地陷于自己的想象制造的恐慌和痛苦中。总有很多女孩子因为工作上或者爱情上的不顺利，而把责任怪到自己头上，因此而惧怕失去工作或者惧怕遭到抛弃，而现实中，往往会怕什么来什么，这并不是女人的直觉让你预想准确，而是由于你自己的惧怕让自己做事失去了冷静和自如，而间接导致了最终的后果。

所有想象的痛苦都与一个人的软弱和力不从心有关。因此，想要摆脱想象的痛苦，就要多多激励自己，让自己拥有更多的勇敢和坚强，用快速的行动打破想象的迷局，让事态按照自己的意志来发展，这样就能摆脱苦命女的宿命。

一个女孩子想要幸福，就要收起痛苦的想象，22 岁以后的女孩子应该有足够的勇气和坚强来面对自己思想中那些消极的想法，让人生按照自己的预期来展开，成为一个好命的女人。

与其哭着承受，不如笑着享受

在遭遇困境遭受折磨的时候，我们往往不能平心静气地来对待。的确，痛苦折磨对于 20 多岁年纪的女孩子来说，是难以承受的。我们往往用哭泣来反抗生活中的痛苦，来发泄我们的压力。

然而，一个 20 多岁的女孩子承受的社会压力何其大，越是困难的时候，我们越不能认命。带着一种无怨的心情悄悄长大是一种幸福。面对困难的环境、痛苦的折磨，如果反抗无效，那么与其哭着承受，还不如笑着享受，反正结果是一样的，为什么不从积极的方面去看待痛苦呢？

古人说:“天将降大任于斯人也,必先苦其心志,劳其筋骨,饿其体肤,空乏其身……”这不也是一种自我宽慰的说法吗?难道老天让人吃不饱,穿不暖,心中悲苦,真的是要把大任降给他吗?恐怕不尽然吧。这是一种阿Q的精神胜利法,但这种精神胜利法,又是多么重要啊!古往今来,有多少仁人志士就是靠这种想法,度过了最难熬的困难时期,最终获得成功。

如果我们也陷于这种困境之中,不妨也用一下这种“精神胜利法”,将目前的困境看成老天对你的考验,一旦经受住,就会赋予你更大的重任。如果能够这样想,我们的心情就会好很多,也能够更加理智地看待目前的困境,就能够更快地从困境中脱离出来,做对于我们来说更重要的事情。这就是笑着享受的智慧。

如果我们面对困境时让自己陷入一片愁云惨雾之中,不用困难压倒我们,我们就会被内心的压力和悲伤压倒。如果让泪眼迷住了我们的视线,迷住了我们的理智,我们就可能失去可以脱离困境的那一瞬间的机会,由此失去了脱离困难的可能,这对于我们一生来说,都是一个巨大的遗憾。

所以,越是困难的时候,我们越要睁大双眼去观察,去寻找能够脱离困境的机会和可能。把这种暂时的困难当成一种幸运的可能,命运才会朝着我们期盼的幸运方向走去。

埃及艳后就是用她惊人的美貌、迷人的微笑、超群的智慧、明智的方式,才征服了恺撒的心。如果当时恺撒面对的是一张哭泣的面孔,即使有同情、有怜悯,他会如她所愿地让她坐上女王的宝座吗?他还有兴趣为她伸张正义,以整个罗马作为她的后台吗?我相信不会。男人不会因为女人的泪水而迷惑,他们只会因为女人的微笑而迷惑。

当你想哭泣的时候,要知道低谷是人生的一部分,人生的历程就是唱一首歌,一直唱高调会累坏嗓子的。这样,你就会心甘情愿并且用享受的态度去对待困境。因为你知道,困境只是对于你忙碌人生的一种暂时的弥补，让你歇一歇，好投入以后更忙碌的生活和工作战斗。在遭遇20世纪90年代经济危机的时候，许多日本人都陷入了恐慌当中。只有一部分人保持了清醒乐观的态度，经济危机总会过去的，他们把这段时间用来旅游，以安慰他们疲惫的心灵；或者用这段时间来充电，以弥补长时间劳碌输出造成的脑子空虚。于是，当经济危机过去以后，这批人首先投入了更高负荷的工作，并取得了更好的成绩。而那些因为恐慌、压力而整天焦灼的人们，因为情绪的不安而忘记了自身的提高，当经济危机过去以后，他们尽管也很高兴，却因为力不从心而失去了在更高岗位甚至是原岗位工作的机会，只能做更低岗位的工作。于是，在这场危机中，原本同一个岗位的人出现了人生命运的差距。

危机存在于现实中，但是对待危机的态度不同，就造成了我们的人生差距。人生中最大的危机来自我们的内心，只有笑着享受危机，才能够认识到危机中蕴藏着人生转折的机会。上帝关闭了我们的一扇门，必定给我们开一扇窗，我们要做的就是找出那扇窗户，飞出命运的牢笼，而只有不认命的心态才会给我们带来命运的转机。

20多岁的女孩，面对命运中的危机、困境，一定要学会笑着享受它们，不认命，才能找到命运的转机，尽快地“好命”起来。今天比昨天好，就是希望。

Chapter 4

聪明女人无须依赖他人，但要懂得借势成就自己

女人锦绣前程，需要有别人的相助

作为女人，如果想要成功，本来就需要比男人付出更多的辛苦，如果我们再孤军奋战，就会更加势单力薄，受到更多的冷眼和压力，所以女人的前程一定要靠别人的扶助。既然“一个成功男人的背后，一定有一个默默支持他的女人”，那么“一个成功女人的背后，一定有一群默默支持她的男人”，又有什么错误？

每个人的成功，都离不开其他人的支持和帮助，如果在我们事业的关键时刻，有人肯帮我们一把，那这就不仅仅是对我们的事业有帮助，这可能带给我们质的飞跃。虽然，女人的路要靠自己去走，但是，路上有个扶助你的人会使你躲过人生的陷阱，少摔几跤，又有什么不好呢？女人要靠自己努力，那就是我们得拥有成就事业的才华、学识、气魄、毅力；除此之外，女人还要靠别人帮忙，就是必须具备良好的人际关系，尽可能减少行进过程中的“摩擦系数”。20多岁的女人要意识到人际关系的重要性，不要以为自己才华出众就不需要别人的帮忙，做出一副高傲冷漠的女强人样子。

要知道，女人天生就是弱者，从体力、意志力方面，我们通常都是敌不过男人的。我们唯一的优势，就是善于以柔克刚，善于让自以为强大的男人来帮助我们。再者，目前一些企业还存在着性别歧视，如高层管理人员只用男性。所以，如果我们再拒绝帮助，就会陷入更困难的境地。

中国有句古话：“小才不知有缘，且不懂用缘；中才知有缘，但不善用缘；只有大才，知缘且善用缘。”这句话就是说，有小才华的人，不知道人缘的重要性，不懂得广结善缘；只有才华出众的济世之才，才懂得人缘的重要性，才善于广结善缘，并善于利用自己的人缘，这时候人缘就是财缘。

所以，女孩子更应该主动请求别人的帮助，然而并不是所有人都会无条件地帮助我们，只有我们首先去帮助别人，才可能广结善缘，才可能积累更广泛的人脉，这样在关键时刻，我们才可能找到愿意帮助我们的人。这只是一种获得人脉的方式，用的就是人的“互惠互利”原则和“感恩”原则。这样，我们帮助了别人，无论是出于情理还是出于感恩，他们都会帮助我们。但这种帮助并不是绝对的，遇到小忙我们可以要求我们帮过的人帮助我们，但是遇到事关生死的大忙，我们最好还是不要找他们，因为那是施恩望回报的表现。

有时，我们请求别人帮助，还可以用“示弱”来达到目的。示弱是一种生存技巧，根据心理学研究，给予比接受会更让人感到幸福，因为给予者感到自己的优秀，感到别人需要他、离不开他，让他感到存在的价值。所以“示弱”很重要，有事去麻烦一下别人，接受别人对你好意的关心和帮助，不但能够帮我们渡过难关，还能够使我们和别人的关系更加亲近，何乐而不为？

有人认为，女人要想成功，一靠气质，二靠努力，三靠人脉。意思就是说，女人只有处理好三方面的关系才能够成功：第一是处理自己和自己之间的关系，就是对自己有一个正确的定位，不断自我修炼，让自己拥有好的气质；第二就是处理好自己和事业之间的关系，就是我们要努力工作；第三就是处理好自己和他人之间的人际关系，也就是要有好的人脉。所以，我们不妨发挥自己的力量，做一个好命的、别人愿意帮助的女人，才能够前程似锦。所以，22岁以后，我们不能够再做虎头虎脑、愣头青式的女人，要善于发现自己的性别优势，让别人乐意帮助自己。

有些女人认为，事业上的女强人，要靠强硬的手腕才能够取得胜利。所以，她们不屑于示弱，不向别人请求帮助，有事只会靠自己。这种习惯独立的女人，往往性格孤僻，她们的高傲使别人觉得有压力，不容易亲近，人际关系也不和谐，除非她们处在很高的位置上，否则很容易和别人结仇,也对她们的前程很不利。

22 岁以后的女人要意识到,女人的前程一定要靠别人的扶助,才可能有大的成就,一个人孤身奋战是很难有光明的前途的。如果我们能主动地结交好友,和别人建立良好的人际关系,就会为自己的成功插上翅膀。

修炼自己,成为对他人有用的人

聪明的女人虽然不依赖别人,但应该懂得如何“借力”,懂得如何让别人帮助你。每一个人都缺少不了别人的帮助,聪明的女孩会用自己的智慧去获取别人的帮助。我为人人,人人为我,这个世界就是通过互相帮助、彼此交换而变得更好的。

22 岁以后,女人应该学会“借力”,首先要成为能够对别人有用的人。如果你是一个一无是处的人,和你交往、帮助你,对于别人没有任何帮助和好处,别人怎么可能让你“借力”呢?

许多女性都听说过一个人因为帮助了一个大人物而获得了较高的地位,因此想着只要平时乐于助人,就一定能够碰上自己的贵人,一定能够平步青云。试想一下,如果一个人本身没有多强的能力,就算他帮了一个大人物很大的忙,别人就放心把自己的事业交给他吗? 不! 大人物有他们独特的慧眼和思维方式,他们一定会通过别人对自己的帮助,看出这个人身上的闪光点和能力,所以才会把事业交给他,而不是纯粹的报恩。因为最后,那个人也是如他们所料,让大人物的事业更上一层楼,让他们的赏识给以足够的报答。

对别人有用的能力是很重要的。如果一个人本身没有使用价值,就算他有多么好心，有多么想帮助别人，他的帮忙都没有太大价值，甚至是帮倒忙，这对别人有价值吗？

世界上没有免费的午餐，如果你想要“借力”，就要想想自己身上是否有值得别人付出的价值。如果有一天别人索要你的“回报”，你是否还得起？如果只是很小的帮忙，想必每个人都会给一个柔弱的女人以帮助，如果是很大的“人情”，就要看自己付不付得出“人情”的代价。

成为一个有“使用价值”的女人，别人才会心甘情愿地帮助你，因为他们能够日后从你身上得到更多的帮助、更多的价值。这种说法很现实，但这是事实，世界上人们存在的关系多是交换关系，如果把所有的感情因素除掉以后，人们之间的确就只剩下交换。

所以，我们要想获得别人的帮助，首先就要确定自己有“使用价值”，日后能够回报他人。其次，我们还要在平时就养成帮助别人的习惯，如果平时自私自利，大人物一来，却由你来出场给予帮助，这不是别有用心吗？别人很快就会看出你的用心，看出你利用他人的本质，大人物们的眼睛更是雪亮，是容不下欺瞒的。这种“借力”是赤裸裸的，甚至是卑鄙的，会让所有的人起反感之心，就算是“借力”，也要包裹在温情脉脉的善良之中。

当然，除此之外，付出自己的好心和帮助，还要讲求时机，想要找到一个能给自己实际帮助的人，这需要长期观察，并不是有地位的人就一定愿意和能够帮助你。我们要从一个人的言谈举止、一个人的教养当中，确定他是一个对你有“使用价值”并且愿意被你“借力”的人。我们才有必要在关键时刻帮助他，否则就是一种“滥好人”的表现，说不定还会因为你的“滥好心”而惹来不必要的麻烦。

22 岁以后，女人一定要明白，事情不是靠一个人做成的，我们需要别人的帮助，不完全依赖别人，但要学会依靠别人，学会“借力”，学会当一个有“使用价值”的女人。

结交大人物，提升自己

这里所说的大人物，通常是指相对比自己地位高、有作为、有一定社会影响的成功人士。年轻的我们离大人物通常是很远的，这种遥远不仅是指位置上的距离，而且包括心理上的距离。由于自卑或者心高气傲，我们通常不愿意和比我们优秀的人交往，更何况大人物。

但是，我们一定要学会平衡自己的心理，把大人物的优秀当成别人的努力结果，而不是抱着"有钱了不起，我就不稀罕你的钱，我不想和你交往""我不想因为和你交往被别人看不起"或者"我可不想攀高枝"这种态度看待大人物。这种人的心态同样是不平和的，为了利用别人而和他们交往固然不好，而为了不遭某些人的冷眼而和他们撇清、划清界限，显然也是不明智的。

大人物同样也需要别人的认同，需要别人的肯定，否则，他们的价值同样无法确定。所以，我们要抱着一种平和的心态和他们交往，把他们当成平常人，把他们当作朋友，只有这样，我们才能够平静地对待和学习他们身上的优势，从和他们的交往中得到各种显性的或隐性的利益，前者比如你能够得到更多朋友，拓展你的人脉；后者比如感染他们积极乐观的精神，学到他们身上的优点。

与大人物交往最重要的就是心态，如果摆不正自己的心态，就算把大人物变成了你的朋友，他也不能够发挥出你希望的作用。除此之外还有技巧，一个普通的 20 多岁的女人，认识一个大人物的可能性都不大，怎么能够奢望和他们交朋友呢？这就要求我们运用一定的技巧，才可能认识他们，成为他们的朋友。

首先，我们要在一个还不错的公司中工作，这样，你认识大人物的可能性才大了很多。

其次，要在一个还不错的位置，如果你只是个低级的小职员，上层的酒会聚餐根本不可能轮到你来参加，你又有什么机会呢？好的位置可以为你制造许多认识大人物的时机，在公共场合认识一个人是最平常不过的，一般不会被认为是别有用心，但是这也有一个缺点，那就是进一步的交往很不容易。通常在这种场合，我们会认识许多人，但不会交往很深，只能是点头之交，我们要用自己的智慧和耐心把点头之交变成至交好友。

除此之外，我们还可以让别人把我们带进“大人物”的社交圈，这当然要求我们有更广的人际关系网，找到可以提携你的那个人。当然，努力表现自己，引起大人物的欣赏和青睐，也是一种进入其社交圈的好办法。方法有多种多样，关键是看我们如何能够做到以一颗平常心来对待我们的关系，既不要急功近利，也不能低三下四，只有长久地、真心地对待你身边的大人物，才可能和他们维持更好、更持久的关系。

功成名就的大人物当然是我们这些平凡的年轻人不可能轻易靠近的，他们一般都有自己固定的社交圈子，他们接纳一个年轻人的意愿并不高，除非你特别出类拔萃。如果你不是，那么还有一种方式可以让你与他接近，那就是在他遭遇困难的时候帮助他。每个人都会有暂时不方便或者陷入困境的时候，这时候，如果你守在他身边，给他鼓励和帮助，想必会在他的心目中留下一个深刻的印象，一旦他走出困境，是不可能忘记你的。无论是出于“感恩”心态，还是出于“培养接班人”的心态，他都会把你看作自己人。

成为大人物的朋友，能够让我们结识更多的优秀人才，能够让我们认清自身的不足，加强自己的优势，从而成为一个优秀人才。一个聪明的女人要善于结交优秀人才，成为大人物身边的好友，这不仅有利于你的事业，有利于提高你的交友水平，还会让你日后的婚姻更加有保障。试想一下，一个身边围绕着众多成功人士的女人会嫁给一个一无所长的男人吗？他们会自己知难而退的。

22岁以后，女人一定要知道，优秀的人才对于你的事业成功能够起到的作用是无法估量的，我们一定要接近更多的优秀人才，人生才能够美满。

如何让他人乐于协助你

一个聪明的女人可以在不知不觉中，让别人心甘情愿地为她所用。这并不是说女人要随便地把别人玩弄于股掌，“把别人卖了，还让他帮你数钱”，而是说，美丽而聪明的女人，本身就有一种惹人怜惜的特质，当她遇到困难时，不用开口，就能“借力”而得到别人的帮助。

作为女人，我们不可以依赖别人，但我们一定要学会“借力”，让别人主动帮助你，这样，我们成功的概率才会更大。

不用为自己“借力”而感到内疚，因为他们是心甘情愿的。愿意被“借力”的人，一定对你存在着某种期盼或者希望从你身上得到某种价值，无论是长期的还是短期的。所以，我们想要别人心甘情愿地为我们做事，就要增加自身的“使用价值”，这是一种最普遍的做法。比如，女人把自己打扮得更美丽，或者让自己看起来路子很广，或者在上司面前表现自己的能力，都是基于这样一种平等交换的心理。

当然，我们也可以利用自己女性独特的优势和魅力，让别人心甘情愿地为我们服务。比如，利用女人比较娇柔的特点，用示弱的方法让男人为我们服务，不仅是对自己的一种帮助，同时也是对男人自尊心的一种满足和炫耀。承认女人有些事情上是不擅长的，能够让男人得到满足。一个面对着瘫痪的计算机手足无措的美女，远比一个自己动手修理计算机的女人要惹人怜惜，也更容易被别人呵护。无论是在生活上还是工作中，我们要留给男人表现自己的机会、献殷勤的机会，这不仅不会显得自己没用，而且会增加自己人际关系的融洽程度。

最聪明的女人绝不让别人知道自己聪明，她会让每个人知道他们是多么了不起，多么优秀，能者多劳嘛，于是那些笨重的工作永远有人为她分担，出了事也永远有别人站出来承担责任。而那些自命不凡的女强人则是凡事亲力亲为，虽然也得到了“女强人”的称号，却成为别人不敢靠近、不敢帮助的人，自己则是一副“高处不胜寒”的姿态，何苦呢？

女人具有独特的魅力，风情的女人也往往成为别人帮忙的对象，做一个风情的女人并不意味着我们要到处卖弄风骚，而是要我们在所有细节上表现出一个女人的自觉，让男人心甘情愿地帮助我们。知道电影《乱世佳人》中的郝思嘉怎样请求白瑞德的帮助的吗？向她学习，你就会成为一个标准的风情美人，成为别人愿意为你“抛头颅、洒热血”的聪明女人。

用你的智慧、宽容、雅量、魅力来征服一个人，让他们对你佩服得五体投地，这样他们就会按照你的意思去做，会服从你的吩咐或者命令，这是一种大女人的做法。电视剧《大宅门》中的二奶奶就是这样的一个女人，她用自己的手腕和处世的公正、宽容赢得了所有男人的服气，他们都乐意供她差遣，帮她的忙。这是另一种处世的智慧，在我们这些还没有一定历练、也没有一定手腕的小女人中一般是施展不开的，但是可以作为日后一种服人的方式。

22岁以后，女人要清楚地了解人们的心理，让别人心甘情愿地帮你，而不计较任何代价。不仅是男人的心理，还有女人的心理，我们要在讨好上级的同时不引起其他人的嫉妒和公愤，才算成功。

一个女人能够让其他女人心甘情愿地为你做事，是自己交际能力的最大成功。面对高傲的女人，我们既要佩服，又要摆出挑战的姿态，才能够引来她们的帮助；面对平凡的女人，我们要用请求的姿态来对待；面对那种热情、好心的女人，不用我们开口，她们就会因为同情来帮忙。总之，当你遭遇难题时，不要让任何人以旁观的态度来看你的笑话，最好的方式是把他们“拉下水”来帮你，不仅会获得帮助，还会获得友谊，因为朋友就是应该互相帮忙的。

22岁以后，我们要学会做一个聪明的清闲女人，让别人心甘情愿地为我们做事。就算不依赖任何人，但是我们要学会“借力”。我们要什么都会做，但是不到万不得已，不要自己动手，尤其是一些年轻女人不宜做的事。

Part 2

提升自己，成为魅力女性

怎样的女人才有魅力，当然是比漂亮的女人聪明，比聪明的女人漂亮，比既聪明又漂亮的女人有味道，比有味道的女人独特，这才是女人魅力的所在。它既不是单纯的美貌，也不是粗制滥造的卖弄风骚，也不是仅仅温柔大方就可以，它包括一点点婉约，一点点灵动，一点点才情，一点点痴情，一点点娇憨，一点点优雅。它所代表的是所有对于生命的热爱，对于生活的情趣，对于自身的依恋，对于人生的享受，这就是女人最大的魅力。

修炼这种魅力，需要的不是金钱，而是对生活的热爱。一个女人可能不需要钻石的点缀，但一定需要鲜花的衬托；可能不需要金光闪闪的炫耀，但一定少不了脸上健康温柔的光泽；可能不需要昂贵的晚礼服，但一定少不了一条属于自己独有的、有特色的裙子。女人修炼魅力要靠对生活的想象，靠一颗天生的圣洁之心。

22 岁以后，我们要用自己所有的智慧来修炼自己作为一个女人应有的魅力。

Chapter 5

修炼女人味，在性感中恣意绽放绚丽风采

用女人味“俘获”男人心

女人的女人味对于男人来说，是一种独特的武器，我们要学着用自己的“女人味”来“俘获”男人。有女人味的女人在男人中间格外吃香，她们的一颦一笑，一举手一投足，每一个情态动作，都充满无限的风情和诱惑。

所以说，男人宁愿溺毙在女人的温柔乡里，女人的风情是一种独特的武器，它能够让男人心甘情愿地为你做事，为你牺牲。这就是为什么在“三十六计”里，“美人计”最温情脉脉、最有效，最杀人于无形。22岁以后，我们也要学会运用自身的优势，努力提升自己的个人魅力，用女人独特的手段去赢得那些优秀男人的青睐。

我们要学会使用女人独特的魅力来吸引男人，美丽的女人先吸引男人的感官，然后捕捉男人的心灵。有女人味的女人本身也许并不具备美貌，但她们会时时刻刻露出小鸟依人的女人味，让男人不自觉地怜惜疼爱，不自觉地俘获男人的心，然后才会吸引他们的感官。

很多人都会有一个体会，某个女人初看起来并不美丽，然而越看越耐看，越让人喜欢和她在一起，这就是“女人味”的魅力。女人的女人味向来是俘获男人的最好武器，特洛伊之战中的海伦风情万种，让人们为她进行了十年的战争。当人们尚且没看到海伦时，族长们讨论是否值得为一个女人征战十年，大多数人都觉得不值得，但当海伦出现在他们面前时，“她值得我们再战十年”，所有的人都这样认为。这一刻，海伦的女人味吸引了所有英勇的战士。

女人尤其是美丽的女人，生来就是男人们最好的“战利品”，男人生来希望得到权力和女人，而女人同样也渴望着吸引那些英勇、优秀的英雄们。

这就要我们在外表和内在上都下功夫，修炼成一个魅力百分百的女人，就能够轻易地“俘获”男人心，当你的真命天子来到你身边时，你才不会手足无措，而能第一时间吸引他的眼球，走到他身边，让他心甘情愿地被你“俘获”，成为你的“裙下之臣”。

做一个有女人味的女人，就要在魅力上下功夫，这不仅仅限于打扮、化妆，而是整体素质的提高，当然，也不仅仅是内涵的提高。我们要从最浅显的地方入手，把自己打造成一个有女人味的女人。比如，从化一个精致的妆容开始，化妆并不像普通女人那样认为是可有可无的。对化妆的态度，就是对生活的态度。生活是不完美的，为了粉饰太平或者活得更幸福，我们会做种种努力。化妆也一样，每个人都不是十全十美的，我们要用各种化妆品打造一个完美的自我，让自己拥有更多自信，这是让自己感觉更好的一种方法。当然，如果你觉得自己天生丽质，那么素面朝天也是可以的。

不过，为了表示对别人的尊重，女人还是化妆更好，一个不习惯化妆或者妆容粗陋的女人，她在生活中很可能也不懂得经营或者经营得很糟糕。试想一下，一个连面子都顾不到的女人又怎么顾得到里子？自己尚且顾不周全，哪可能顾得上别人？所以，一个人脸上的妆可以泄露她的很多秘密，尤其在正式场合的妆容更是必须慎重的。

其次，我们还可以操纵自己的眼神、表情、姿态、礼仪。古人说“仪态万方”“风华绝代”，就可以看出一个女人仪态的重要性。首先是表情和姿态，妆容是静态的，表情和姿势却是变化的，所以更难掌握。我们要在日常生活中，就学着做一个仪态美丽的女人，比如，绝不能在口中含东西的时候说话；比如，让自己慢慢地低下头，露出一段美丽雪白的颈项；再如，好好地练习一下媚眼的功力，用颤动的眼睑泄露你内心动情等。这些尽管看起来无稽，但是，当你拥有它的那一天，你就会知道它多么重要，因为它是天生属于女人的一部分，它让女人看起来更有风情，更有魅力，更受青睐。

当然，最重要的是修炼自己的内在，只有一个外表与内在皆美的女人才能够得到男人更长时间的注目。否则，就像画一头老虎，虎形是有了，但总是缺了威势，缺了风韵。有人说“风韵天成”当然是从内到外的魅力，是一个女人最不受年龄限制的风情。

22岁以后，我们要利用自己的女人味，这是女人独特的武器，不断地增加自己作为一个女人的魅力，用它来“俘获”我们看中的男人。

多一点才情让魅力保鲜

要想自己魅力常新，不仅要靠光鲜的外表，还要有一定的才情来支撑，才能美得长久，美得有内涵、有风韵。女人到了一定年龄后，外貌对于一个女人的影响力就小了很多，反而越美丽的女人老得越快，只有才情是日益增加而不会减少的，才情会增加一个女人的魅力，使她美得更加名副其实。

22岁以后，我们虽然还处在风华正茂的年纪，但是我们已经开始渐渐变老了。所以，我们更有必要用才情来增加我们的魅力，因为我们已不再是一个不用化妆就可以轻松出门的青春美少女了。

美国前总统林肯曾说过：“人一旦到了40岁以后，就要对自己的外貌负责。”这是因为前40年的风霜会写在你的脸上，爱笑的人会在嘴角、眼角留下笑纹，喜欢皱眉的人会在眉心留下“川”字纹，喜欢嘲笑别人、刻薄的人嘴角、两颊边会留下很深很长的刻薄纹，而总是喜欢生气的人嘴周围会留下很多孤独纹，这些都足以让你的面貌呈现一种与先天不同的面貌。天生刻薄的人就会变得丑陋，而那些天生乐观、好心的人会变得美丽。尽管现在因为人们的生活水平得到提高，人们衰老得慢了，然而岁月还是会在你的脸上留下痕迹，徒有虚表的美丽会让这些痕迹破坏掉，而这些痕迹却会在有内涵、有才情的女人脸上留下智慧的印证。

奥黛丽·赫本直到70多岁，脸上还会流露出天真的笑容，她依然像她年轻时一样美丽，在这里美丽返璞归真了，这不仅仅因为她的天真和好心，还因为她对于生活的智慧和才情，才使得她永葆魅力，美丽没有随着她的衰老而离去。

才情指的不仅仅是学识，还有对生活的情趣，对事情的独特见解，它不仅包括见识，还包括欣赏力、鉴别力、态度和行动。女人的才情不仅仅指会弹钢琴、会唱歌、会做上流社会淑女要做的一切事情；还包括激情飞扬的态度，对音乐、戏剧、传统舞蹈和艺术的鉴赏力和欣赏力，指的是对书籍的挑选和阅读的能力；不仅能够阅读，还能够发表自己独特的看法，才算是有才情。

记得小仲马在《茶花女》中描写道，她非常善于演奏乐器，唱那些流俗的歌曲，但真正被他欣赏的却是她非常喜欢阅读，几乎对每一本著作都有她自己独特的看法，非常中肯和贴切，甚至她还非常欣赏作者本人的文章，这是对自己多大的鼓励啊！小仲马就是因为这些，才迷恋上那个风尘女郎。

在现实中，我们也经常可以看到女人用她们的知性为自己的魅力加分，她们的才情、智慧让男人大为欣赏。一个有魅力的女人会让人常看常新，这是因为她们的美丽是多层次、丰富的，才情让她们表现得与众不同。上班时的利落、学识让男人钦佩；休闲时的慵懒让男人感到放松；交往时的如沐春风让所有的人感觉舒适；私下相处时，小女人亲密的姿态又让男人感觉被依靠，这样一个有着不同风情的千面女郎怎么会让人感到厌倦呢？这是每个男人都渴望的女人。

22岁以后，女人不妨好好地管理一下我们的空余时间，经营好自己的人生情趣，学着做一些有钱、有闲的女人才会做的“闲事”。比如，学一些插花、茶艺，进行一些深层阅读，听一些高雅的音乐。尽管在我们经济并不宽裕、闲暇时间也少得可怜的22岁，进行这些是不太容易的，但我们必须要选择一样有情趣的事去做。这并不是为了附庸风雅，而是为了陶冶我们的情操，增加一个小女人的才情和魅力。

古代的小女人们为了博得优秀男人的欣赏，会故意让自己的才情出现失误，比如“欲得周郎顾，时时误拂弦”，这是一种缺陷的智慧。然而，现代社会对女人的要求太高，才情成为少数女人的专利。因为我们不再是“养在深闺人未识”的大家闺秀，我们要在职场中同男人们一起打拼，所以，我们更要增加一份小女人的觉悟和才情，才能在知性之外给男人更多欣赏的理由。

说来说去，女人的才情离不开男人的欣赏，女人的魅力也是以男人的眼光为标准。我们的魅力修炼，不仅是修炼自己本身那么简单，而是修炼一种性别吸引力。如果忘了这个初衷，是会被男人、被社会不屑一顾的。

22岁以后，女人要在自己的内涵方面多下功夫，让优雅、从容、才情、自信从我们的身上、眼神中、气度中，细细地流淌出来，才能修炼出一个极致的“魅力女人”。

将男人“泡”在你的温柔里

女人的温柔天生是勇猛男人的克星，女人的温柔是水，再暴烈的男人也愿意溺毙其中；女人的温柔是春风，再冰冷的男人也会解冻；女人的温柔是密网，能够捕捉最难驯服的猎物。

女人要学会把男人“泡”在温柔里、融化在热情里。22岁以后的女人一定要学会用自己的温柔来吸引男人的技巧，我们已经不再是青涩的年纪，应该渐渐地学会温柔。然而，现代的女孩子大多都不懂得温柔，即使关心别人，也总是会把这种关切隐藏在责备的口吻、强硬的口气之下，不懂得温柔为何物。现代都市女人的温柔正在缺失，她们不屑于撒娇，不屑于温柔，不屑于柔弱，总是强硬地处理一切事情。

我们一定要明白，温柔就是悄声细语的安慰，就是不动声色的关怀，是一个眼神、一个表情就能够表达出来的事情，并不是那么难，每一个女人只要想做都能够做到。我们也要明白，温柔并不是要你低三下四、委曲求全，温柔并不是一件屈辱的事，每一个女人都应该学会在与他人交往的过程中运用自己温柔的魅力。生活并不是战争，不用时时刻刻尖牙利嘴地准备反击。我们要学会随时展露出自己温柔的微笑，来征服男人。

在家庭中，我们更要学会温柔，温柔是一张用柔情蜜意结成的网，它能化解我们之间的戾气，让夫妻之间的关系更和谐。温柔的母亲可以给孩子最大的鼓励和最多的关怀，让孩子更自信、更优秀。温柔的妻子可以帮助丈夫化解事业的危机，用自己的温柔安慰丈夫受伤的心灵。我们要学会在对方陷入困境和烦恼的时候，用自己温柔的双手抚平他眉间的皱纹；我们要学会在对方陷入诱惑的时候，用自己的温柔唤回他的心；我们要学会在对方摇摆不定的时候，用自己的温柔吸引他。

我们要向日本女人学习真正的温柔，并把温柔作为一种特质珍藏起来，结合到自己的性格之中。温柔并不会让我们失去自己的人格，也不会让我们失去独特的个性。相反，有个性的女人还十分温柔，那是很难得的，会让人格外珍惜。

22 岁以后，学着做一个温柔的女人吧，这样我们才有更多的吸引男人的特质，才能把握最优秀的男人。因为一个骄傲优秀的男人是不会欣赏一个强势的“男人婆”的，他们欣赏的肯定是那些智慧、成熟而温柔的女人。我们要学着做一个有个性的“贤妻良母”，因为这是社会赋予我们女人的责任，我们要学着用温柔的双手托起家庭的未来，用温柔的眼神、温柔的姿态，让男人沉浸在甜蜜温馨中，让他在外面经历风雨后有一个温暖的小家来歇息疲惫的心灵，明天更精力充沛地投入工作中。

女人的温柔，是男人的避风港，也是男人前进的动力，家有娇妻殷殷期盼着男人更大的事业，男人怎会不更加努力呢？年轻的我们要增加自己温柔的魅力，把男人“泡”进自己的温柔里。

年轻是女人撒娇的资本

会撒娇的女人是最好的老婆，娶了这样女人的男人是最幸福的男人。女人撒娇的时候最具有女人味，无论是委屈、含泪的样子，还是嗔怒的样子，都别有一番风情。

女人撒娇是渴望爱的表现，男人拒绝不了这样的女人。22岁以后，女人要学会撒娇、使小性子，不能够总是宽容或者总是强硬地对待男人。撒娇，会把本来可以酿成一场大战的争吵，变成一句委屈的、含嗔带怒的埋怨，会让男人心甘情愿地做起他本来讨厌的家务，主动帮你扛起笨重的东西；撒娇，是夫妻间调节气氛的情趣，是请求帮忙的最好方式。年轻女人的撒娇是任何一个人都无法板起脸来批评的，娇憨的请求，是任何一个男人都无法拒绝的。

撒娇是处理夫妻间矛盾和尴尬的最好方式，会撒娇的女人在争吵过后，一边委屈地嘤嘤哭泣，一边娇滴滴地抱怨：“人家是女孩子嘛，你就不会让一下……”多冷硬的心都会融化掉，哪还会想得起来什么火气，什么脾气？男人只能认命地一边承认错误，一边哄女人。这时候，女孩子哭得更厉害了，好像真受到了什么委屈，让男人心都碎了，然后哭着哭着，哭够了，脸上还带着泪水，却扑哧一声笑了，仿佛雨后的桃花突然遇到了万丈光芒，既清纯又娇艳无比，男人哪还想得起来刚才受过的委屈，不久就又说说笑笑地过起快乐的生活。

如果男人遇到的是一个脾气火暴的大女人，那么，一个小矛盾会变成大的争吵，激烈的争吵之后是无休止的冷战，男人别提会有多丧气了。尽管也许他不会轻易发脾气了，但是他会把烦恼和闷气藏在心里，等憋不住的时候来一场大爆发，这就不仅仅是争吵和冷战能够解决的，如果处理不好，甚至会导致离婚。

这就是为什么有的家庭一天到晚吵了好、好了吵，却越过越甜蜜；而有的家庭轻易不争吵，表面上和美，一旦矛盾爆发，却无法收拾的原因。在这中间，女人的智慧发挥着不少作用，虽然大家都不喜欢吵架，但是现代社会的压力何其大，争吵是一种发泄心中愤怒的方式，无可厚非。女人要学会运用自身撒娇的魅力，使得争吵变成增进彼此间感情的一种方式，而不是把争吵看作战争，非吵出个结果、拼出个输赢来不可。

撒娇更是女人的一种情趣，是女人对爱情、对生活的满足感和归属感的一种表现。越是撒娇的女人，越是被男人宠爱；越是被男人爱的女人，越懂得撒娇的魅力。生活如此循环，怎么会不幸福呢？会撒娇的女人面对大包小包的东西，会对男人撒娇地说："帮帮我吧，看人家的手都红了。"这时候男人拎着再重的东西，也会不介意把重担扛上自己的肩头。而不会撒娇的女人只能自己承受痛苦，甚至有的女人横眉竖眼地叫嚷："没看见我拿这么多东西，还不来帮我。"男人虽然会帮你，却是心不甘，情不愿，而且感觉委屈。

夫妻之间的责任也是一样，没有一个男人喜欢家务，也没有一个女人喜欢，如果互相推诿，想必会引起双方的怨气。在你劳累、疲惫的时候，不妨懒懒地说一句："人家今天都累了，可不可以麻烦你煮饭？"我相信每一个男人都不忍心拒绝。这样的撒娇，让男人很无奈，但并不痛苦，他们很可能因此感到幸福和被需要。

每一句撒娇的话，都足以让男人把你当成小女孩去哄，去爱护，去怜惜，尤其是有相当长时间婚姻的女人，更应该懂得撒娇。因为我们在恋爱和刚结婚的时候，往往爱情甜蜜，两个人也懂得经营，但是时间长了，我们常常忘了去经营彼此间的感情，忘了去调节气氛，使得双方都产生疲倦感和争吵欲。虽然随着年龄的增长，我们不再适合玩那套小女孩的把戏，然而，适当地调节彼此间的感情是无可厚非的。“撒娇”是对生活的一种别样的调节，是爱情生活中不可或缺的情趣，它不像做菜的盐那样重要，但是少了它，婚姻和爱情就少了一点味道。所以，撒娇是爱情中的味精，同样不可少。

22 岁以后，女人一定要懂得撒娇的重要性，不要用不屑的眼光来看待它，我们要掌握一定的撒娇技巧和分寸，才能够让自己更有魅力，让爱情得到更多的滋润。

女人要学会修炼“媚”力

女人的妩媚是女人另一种别样的风情。女人的妩媚、娇媚，经常和她们的浪漫香艳结合在一起。许多时候，妩媚是风情和性感的代名词，小女孩没有这样的诱惑，只有成熟的女人才能够把妩媚演绎得淋漓尽致。

22 岁以后的女人，要学着妩媚起来、风情起来，那是一种有别于清纯和含蓄的别样风姿，是成熟、热情的女人最吸引男人的地方。22 岁以后，我们正处在适婚的年龄，难道我们就没有把自己打扮得妩媚多姿的勇气吗？每个男人都喜欢漂亮风情的女人，这是他们的首选，尤其是优秀的男人，更是希望能得到漂亮女人的青睐，这是对他们成功的一种认可和炫耀。所以，要想走到他们身边，我们更要让自己摇曳多姿、风情妩媚起来。

妩媚不是指打扮得花枝招展，成为一个“小妖精”。妩媚、风情这些不仅仅是为了男人，而是我们自己本身对生活存在的一种热爱，一种享受，是我们热烈地爱和享受生活的一种表现。它绝不是抛一个媚眼、低俗的调情、风流轻佻就能够代表的。妩媚是一种生活态度，是一种生命状态，是一种多姿多彩的生活趣味，是一种风雅的艺术。

如果我们希望自己变得妩媚，变得仪容非凡，就要结合自身的特点来打造自己，如果你本身是一朵清纯百合，就算再致力于娇艳，也不过成为一朵郁金香，绝不能和玫瑰媲美。如果你本身是一朵月季，不妨好好地修炼一番，也许能够冒充娇滴滴的玫瑰。成为"媚"力女人，就要让自己对生活中的一切格外热情，对生活中的一切都充满着激情，任何时候都兴致勃勃。如果你是个"淡漠"甚至"冷漠"的女人，对你而言，"妩媚"是不合适的。

历史上最妩媚的女人莫过于杨贵妃，她是最妩媚、最动人的，看看对她的描写就知道了："回眸一笑百媚生，六宫粉黛无颜色。"这是一个多么让人神魂颠倒的女人啊！

所以说，修炼"媚"力，首先要修炼的是生活态度，其次就是表情仪态。想象一下，一个女人袅袅娜娜地走着，忽而轻轻地回眸一笑，眼睛中含着微微的诱惑，这是一个多么让人神魂颠倒的女人啊！这一点，只有古埃及艳后奥佩特拉能够媲美。

相传，奥佩特拉引诱恺撒，手段非常香艳浪漫：她乘坐的船用皮革、玫瑰花、百合香水精心装饰，船帆用大马士革的玫瑰香精泡过，她自己则是用毛毯自缚成一个美人茧，由人抬到恺撒面前，尽管是万不得已，又有谁能说这不是一种诱惑呢？剥茧抽丝，毯尽美人现，那是一幅多么香艳的情景啊！

所以，修炼"媚"力女人还离不开一定手段的运用。女人的"媚"是藏在骨子里的，尤其是东方女人，以含蓄著称，她们的"媚"更需要发掘。作为现代女人，我们就是要让自己的"媚"浮到表面上来，俘获男人的心。

今天，化妆可以美化我们的容貌，这只是暂时的，要让自己永远拥有这种媚,还需要长期坚持,需要不断地从内心深处改变自己的想法和做法。随着我们的渐渐成熟,那种"媚"的风韵会渐渐地属于们,不再是刻意的做作。

22 岁以后,我们要清楚自己本身的特性,让自己变得明媚、妩媚、娇媚,成为一个名副其实的"媚"力女郎。

女人的神秘感是一种诱惑

一个有神秘感的女人往往更容易吸引男人,引起男人一探究竟的兴趣。男人有一种好奇的心理,越是不了解的事物,越想弄明白。一个女人说"我不了解你"时往往并没有真正想了解某个男人的欲望,只是对他的男性魅力的一种崇拜;而如果一个男人说"我不了解你""我看不透你"时,则是表达自己想一窥究竟的愿望,在窥探的过程中,他会渐渐地被女人的魅力、神秘所吸引,渐渐地爱上那个女人。

所以,女人应该有一点点神秘的特质,在这个越来越开放、越来越没有隐私的时代,想要增加自己的神秘感是很困难的事了。但是,女人有自己独特的一套方式,往往使男人越想看清,反而越不了解,对一个女人了解得越多、越透彻,就觉得她越是一个谜团,这就是"神秘的魅力"。女人要学会保持和制造自己的这种魅力,让男人始终有"雾里看花"的感觉,他才会更加爱你。

22 岁的女人,并没有多么复杂的生活经历,让我们故作神秘,往往是不太可能的。如果他和你之间没有文化差异,年龄差距也不大,那就让人更容易了解了。男人是喜欢解难题的,越是难以征服的女人,越能够激起他的兴致;越是神秘的女人,他越是想了解。既然男人对充满神秘感的女人都有探索欲、求知欲和征服欲，那么女人的神秘感该如何培养？怎样在男人面前保持住自己长久的吸引力？怎样才能让男人百看不厌呢？

首先，要做一个典型的“三不”女人：深藏不露，飘忽不定，捉摸不透。这几乎是女人能够神秘的极点。具体表现就是：勇于对男人说几次“不”，不要言听计从，更不能百依百顺，而是要学会欲迎还拒、欲说还羞、欲擒故纵的艺术。时刻保持一种独立而自信的状态，女人可能在某方面依靠男人，但绝对不可能在感情、经济或者精神上完全依赖男人。女人可能依照男人的意愿去做事，但绝对不做他的“玩偶”，绝对不能容忍被男人当作洋娃娃一样去哄骗或指使。

其次，不爱那么多，只爱一点点。女人对男人感情浓烈的时候，往往表现得一览无余，往往会表现出一副没有他就活不下去的样子，正是这副样子会让男人放心、放肆。反正少了他你就会活不下去，那就代表他做什么事你都会原谅他，因为你离不开他嘛！这样会让男人更容易得意，也更容易出轨，最终痛不欲生的还是女人。所以女人要学会为自己的爱情打一点点折扣。常常说“我爱你”，但绝不表现出爱得太深甚至痛苦的样子，你最爱的应该是你自己，只有自爱的女人才有爱人的能力，所以，我们面对男人，要学会有所保留。不爱那么多，只爱一点点，就是这样的一点点，会让男人主动地索求更多的爱，索求的同时也就是在付出，你有足够的时间和魅力俘虏他的真心。

留给男人揣摩与遐想的余地，无论是做事还是说话，都不要太透彻、太直白，我们要学会含蓄，学会话到嘴边留三分，这留下的三分实际上就是留给自己的余地，就是留给男人想象与揣摩的空间。一个男人总是在猜测你话中的意思，总在捉摸你，就会猜来猜去把你爱。我们可能都深有体会，总是在探索中对一件事情感兴趣的，如果事情直白地暴露在你的面前，反而你会失去兴致，这就是侦探影片吸引人的原因。我们本身就要像一部电影一样，留给男人一个令人遐想的开头，留给男人自己探索的过程，让他在探索的过程中摸索真相，男人才会怀着无比的兴趣来揭开你神秘的面纱。

不要轻易地暴露内心所想,“千呼万唤始出来,犹抱琵琶半遮面”。我们不要轻易地向别人吐露心事,即使吐露,也要掌握好分寸,这样才能造成一种“雾里看花,水中望月”的效果。其中的关键就是和别人保持一定的距离,不要做一个太率性的女人,当然也不能“神龙见首不见尾”。而要学会适当地留下自己在人们中的印象,但又不能够太清晰,太一览无余。无论形象,还是思想,都要有出人意表之处,才能够造成神秘的效果。

总之,女人本身就有一种神秘的特质,如果通过我们精心、故意的培养,就会让这种古老的魅力散发更大的诱惑,让男人们欲罢不能。

22 岁是一个成长的年纪,我们将由单纯走向成熟,培养自己的神秘气质,尚且不太晚,如果到了 30 多岁还是让人一览无余,就必须反思自己的做法了。做一个有神秘感的女人吧,那会让你的生活充满更多的新奇和情趣。

Chapter 6

修炼细节，从举手投足间彰显涵养

提升修养，不做“粗”女人

女人想要提升自己的魅力和修养，就必须在细节上下功夫。美人像璞玉，只有真正无瑕的才是上品；一个“粗”女人就像一块没有经过雕琢的玉器，未免有遗憾。而一个浑身上下都修饰得非常得体的美人，却有一些不能容忍的缺点，就像一块有瑕疵的玉，更没有价值。一块尚未雕琢的玉尚且可以雕琢修饰一番，而一块有瑕疵的玉只好让人忍痛舍弃了。

22 岁以后，女人必须在自身修养上下功夫，做一个细腻、优雅的美人，而不要做一个有形无实、粗枝大叶甚至粗鲁的美人。没有人能够忍受女人的粗鲁、粗心甚至粗暴。女人是水做的，应该有女人独特的温柔、细心和柔和、细腻。一个“粗女人”即使相貌再好，也只能是一个女人的初坯，而不是一个真正的优雅女人。

如果一个女人远看漂亮迷人、姿容美丽，而近看却可以清楚地看到她脸上粗大的毛孔和粗糙的皮肤，你觉得这样的女人是一个美人吗？不！她离美的境界还差得远。女人必须提升自己的修养，尤其在关键的细节地方，更要注意，不能做一个粗女孩。

做一个完美无瑕的好女孩，最重要的是要表现出自己最女人的一面，细致、细心、细腻。要从内到外都散发出一种美玉般的光彩，不能粗枝大叶地打理自己。提升女人修养的第一步，就是在外表上要细致无瑕。比如，要照顾好自己的皮肤，让它细腻柔滑，嫩得能掐出水来，而不能让自己的毛孔粗大，更不能油光满面，甚至满脸痘痘，或者出现脱皮的现象。在春秋季，要注意皮肤防干燥；在夏季，一要防晒，二要防出油；在冬季，要注意不要让皮肤冻伤或者皴裂，否则就是美人微瑕，令人遗憾惋惜了。

除此之外，我们还要在自己的声音方面多加修饰，想必大家都看过奥黛丽·赫本主演的电影《窈窕淑女》，一个俏丽、清新脱俗的女孩子，因为粗俗的语言和举止仪表是多么不堪，尽管她也有十分美丽的梦想和希望，但是粗俗的行为举止和低贱的社会地位让她无法如愿。后来，仅仅经过了三个月的训练，她的声音、音调、言谈就有了明显的变化，又经过了三个月的礼仪训练，她优雅得像一个公主，甚至不了解她的人误把她当成了公主。这足以说明，女孩子的修养是要靠训练的，而甜美的声音必不可少。记得还有一部影片叫作《花团锦簇》，一个电影中的女主角，相貌美丽，因为有声电影的出现，差点害她失业，原因就在于她的声音让观众讨厌。所以，无瑕的女人离不开优美的嗓音。

女人在举止礼仪方面更要注意，不可以粗鲁，更不可以粗俗不堪。你能想象一个穿着迷你裙的优雅女士，去抬脚踢人吗？同样在奥黛丽·赫本出演的电影《罗马假日》中，影片的一开头，就是作为公主的女人正在一边接见各国使者，一边无聊地脱下鞋，用自己的脚搔动自己的腿，这是很失礼的，幸亏所有的一切小动作都隐藏在宽大的裙子里。

在今天的职场上，不再有这种可以隐藏我们小动作的华丽而无用的裙子，取而代之的是职业套装、修身的晚礼服。相信我，无论是裤装还是裙装，都会让我们私下的动作一览无余，想要做一个无瑕的美人，就不能随随便便地做出一些粗俗的动作。

有个女孩，人长得很漂亮，平时也很注意仪表举止。但是有一次，文件掉了，她弯腰去捡，虽然穿的是裤装，但是大家还是清晰地看见了她穿的内裤。记住，穿裙装的女孩子永远不要随便弯腰捡东西，这是举止规范。

总之，一个女人想要在修养方面有很大的提高，就要在细节方面下功夫，做一个仪表细致、内心情感细腻，越是细微的地方越要谨慎，才能成为一个合乎规范的淑女。在修养方面，女人只有拘小节，才能成大器。

学习礼仪是提升修养的第一步

谈到女人的修养，就不能不谈到礼仪。礼仪是一个女人在公众场合最重要的有修养的表现。我们想要提升自己的修养，就必须在举止、礼仪方面多加注意，这是最表面的东西，如果做不好，就会给人留下没有修养的印象。

22 岁以后，女人一定要做到举止优雅、彬彬有礼，才能够显示自己作为一个成熟女人的修养，也才能够提升自己的礼仪修养。如果一个女人在和他人交往相处的过程中，缺少了礼仪，不仅是对他人的不尊重，同时也降低了自己的格调。

记得一个有趣的小故事，张爱玲曾经穿着崭新的旗袍在家中等女友来拜访，女友到来以后，惊奇地问："你有重要的客人吗?"张爱玲点点头，于是女友诚惶诚恐地要告退。张爱玲却说："我重要的客人就是你啊!"如果别人有预约希望来拜访我们，那么无论如何，我们应该表现出足够的重视。可以说，张爱玲的这一举动，恰恰说明了她在礼仪方面的修养。

礼仪，是人与人之间交往的规范，只有遵循一定的礼节，才能营造出融洽、温馨的交往氛围和良好的人际关系。优雅的举止是美丽女人的最大特征，一个举止优雅迷人、仪态万方的女人可以倾倒所有人，包括其他女人。女人可能嫉妒漂亮的女人，可能讨厌粗鲁的女人，但她一定会对优雅、有礼的女人表现出仰慕之情。因为凡是女人，都希望拥有这一美好的特征，这就是所有的礼仪课程都会受欢迎的原因。

但是，并不是只要参加礼仪培训，你就会变成一个淑女。优雅的举止是一个人无私品质、有目共睹的证据，它通常来源于心灵而非大脑。如果任由玩世不恭的态度占据你的灵魂，那么，你的行为举止也不可能真正变得优雅，即使附庸风雅，也只能落得个矫揉造作的评价。一个真正优雅的女人，必须先保证她心灵的纯净和高贵，举止才可能高贵起来。

最佳的优雅举止莫过于浑然天成，完全没有做作的痕迹，在一举一动中完全处于忘我状态，这就要求我们警惕自己习惯中养成的任何马虎随便，从一开始就要抵制一些不雅的举动和随便、邋遢的习惯。这样长期积累下来，才会变成一个真正优雅的女人，而不是一次培训就可以改变一切。要做一个真正优雅的女人，就要从日常的小动作开始训练，从心灵的深处开始改变自己的想法。

我们要让自己时时刻刻都处在一丝不苟的状态当中，不要认为反正没人看见，就可以随便邋遢一下。并不是周围没人看见，你就可以口出粗言，也不是周围没有人，你就可以做出粗俗的动作。真正的优雅是从内心深处散发出来的，更是长时间坚持的结果。如果你可以在私下里做出不雅的举动，那么在大庭广众之下，你就可能因为一时的习惯或者忘记而做出不雅的举动。那时，你所有之前努力营造出来的好形象就会毁于一旦。

一个淑女任何时候都不可以举止粗鲁，她可以正大光明地发怒或者气愤，但绝不能口吐恶言冒犯他人，因为那会暴露出一个人天性中粗俗的一面。著名的悲剧大师埃斯库罗斯曾说过："青铜是身体的镜子，酒是心灵的镜子。"愤怒像酒精一样可以蒙蔽住你的头脑，但并不能蒙蔽你的心灵。所以，一个人醉酒、愤怒时的反应，最能反映一个人的内心是否高尚。如果你在愤怒中表现出来的修养就像一个无知的悍妇，那么，无论你平时是怎样地有风度、怎样地优雅，也掩盖不了你是一个愚蠢女人的事实。

一个真正优雅的女人，在任何时候都要表现出自己淑女的一面，所以，不要让愤怒遮住了我们的理智。我们要时刻遵循应有的礼仪，即使对着电话说话，也不能做出东张西望或者同时做小动作的举动，因为对方会通过你的语言、你的音调，感觉出你的心不在焉，这是非常失礼的行为。

即使只有自己最亲密的友人来访，我们也不能穿着睡衣接待他们，因为那不仅仅是不尊重别人，同时也是对自己的贬低。

22 岁以后，我们要想成为一个真正优雅的女人，就要戒除自己的一些坏习惯，时刻让自己处在淑女的规范中，时刻讲求礼仪，才能够让自己的修养更上一层楼。

精致妆容，做靓丽女人

女人尤其是成熟的女人，是必须要化妆的，尽管古代有素面朝天子的虢国夫人，但并不是所有女人都有不化妆的资本。尤其在庄重的场合，化妆是一种礼仪，不仅表示对别人的尊重，同时也表示对自己的看重。女人的妆容必须要细致，从一些细节方面才能够看出一个女人的细心，才能够让自己变得更靓丽。

22 岁以后，女人要学会化妆，因为化妆能够使我们打起精神，当我们描上眼线，涂上口红，化上淡淡的妆，精神肯定为之一振；化妆还可以提高我们的自信，每个人都有一些缺陷，化妆是可以把这些缺陷掩盖起来的，它能够弥补我们在相貌上的不足，带给我们充足的自信。但是，化妆利用的就是人们的错觉，所以我们要注意自己的妆容，不要因为细节方面的失误，造成了错觉，而导致自己尴尬、别人嘲笑的后果。

比如，有的女人明明脸比较宽大，却偏偏把五官化得非常突出和聚拢，使得脸更像一张大饼，这就是错误的化妆。当然，大部分的女孩不会犯这么低级的错误，她们在化妆时往往只是细节上的失误，然而就是这样，也会造成严重的后果。那么，女孩子到底要注意妆容上的哪些细节呢？

首先，是一致性，比如睫毛、眉毛和头发的颜色应该一致。尤其是当你的头发颜色有些发黄时，千万不要让自己的眉毛和睫毛的颜色比头发的颜色更深，这是极不和谐的；如果你的头发有些偏棕色，那么最好眉毛的颜色也要向发色靠近。

当你的脸上上粉底时，脸部的颜色会明显比臂部和颈部要白，如果你必须暴露你身体的这些部分，就要让它们的颜色看起来一致。而不是让人看到脸觉得是一个水灵灵的美人；看到手臂就觉得打了折扣；再看到颈部，就觉得这个女人至少是半老徐娘了，这种面部和身体的不统一是女人化妆最禁忌的。

还要注意妆容和发型的和谐统一，不同系列的妆容适合不同的发型。比如，透明的妆容适合微卷的长发；而水果色系的妆容适合清爽的短发或者靓丽的大波浪卷发；而金色调的妆容适合有动感、微卷的短发和长直发。在追求妆容和发型方面，许多女孩子都容易忽略这点，一定要让自己的妆容和发型和谐统一，才会变得更靓丽。

其次，对于其他部分还有一些细节问题，如果做得不够好，就会让你非常尴尬。一是粉底，粉底的用量不宜过多，否则会产生太假的感觉。如果需要在阳光下工作或者在炎热的夏天，为了避免把妆花掉或者粉底被汗水冲出一道道沟痕，最好使用定妆液，可以让你的妆容有一个较好的效果。

二是腮红，腮红应以清淡自然为主，造成自然的娇羞感。如果仅仅用腮红，脸的其他部分会显得单薄，我们还可以在下巴上刷一些亮粉，再由下巴延伸到腮部，这样立体感和层次感自然就出来了，同时也可以让你的腮红显得更加自然。

三是眼线液、睫毛膏、口红，这些化妆品都要用防水的。想一想，如果自己在喝水的杯子上留下两个红红的唇印，这是多么尴尬和失礼的行为。这样你就不会因为图便宜而购买不防水的化妆品了。

无论是眼影还是腮红、唇彩，都必须有一定的范围和准确度，眼线和唇线就是勾画面部器官轮廓的，我们使用好眼线和唇线，可以使自己的轮廓更鲜明、立体，尤其是对于五官不太鲜明的亚洲女性更有必要使用。

最后，我们还要注意整体妆容的和谐，使自己的轮廓更加鲜明，面部更加精致。然而这只是使自己的形象更靓丽的方法，事实上，我们还需要增加自己其他方面的修养，才能够让自己更加靓丽。

要知道初层次的化妆是外表的化妆，深层次的化妆是精神的化妆，最高层次的化妆是生命的化妆，只有我们从内心深处真正热爱自己的生命，才会让自己的修养更高，使自己更加靓丽、更加优雅，充满女人味。

22岁以后，女人要注意自己的妆容，从细节处加以修饰，才能让我们更加靓丽，才能提升我们在外表方面的修养。

别忽视品位，细节体现涵养

22岁以后，女人要提高自己在品位方面的修养，让自己拥有好的品位，也是女人魅力的一种表现。那么，什么是品位呢？很多女人把品位狭义地理解成一个女人在服装或者妆容方面的涵养，在这方面有什么样的选择，就代表品位好或者不好。

事实上并非如此，品位是一个更为广泛的定义。保罗·福塞尔博士在写《格调》时，曾写过下面一段话："品位格调是一个难以说清的概念，它只能从人的日常生活中表现出来。比如一个人的穿着，家里的摆设，房子的样式和格局，开什么车，车里的装饰，平时爱喝什么，用什么杯子喝，喜欢什么休闲和运动方式，看什么电视和书，怎么说话，说什么话，等等。"这些都属于品位的范畴。

品位没有高贵、低贱之分，只有好坏和雅俗之别。品位不是金钱堆积出来的，也不是与生俱来的，而是一种辛辛苦苦、认认真真的修炼，是一种“自我超脱”的心灵磨炼。它是时间和生活的热情，在岁月的流逝中沉淀下来的精华。

不可否认地说，在一定情况下，品位与物质有关，但不能说对物质的追求就是对品位的追求，因为有品位的生活除了必要的物质享受以外，还包括较高的个人修养，这不仅仅是有经济条件就能够办到的。但是，如果没有一定的物质条件还真的就办不到，如果我们连得体的装扮都不能够做到的话，更不用说精神层面的东西。所以说，不能够离开物质生活，单独地说品位好坏，也不能把品位好坏单纯地理解成是否是名牌、奢侈品。

夏奈尔小姐把假的珍珠饰品带入了上流社会的宴会当中，但她仍是最有品位的女人，无数贵妇人都向她学习装扮之术，用她的香水，模仿她一身黑衣的打扮，应该说品位是与物质有关的，但并非是名贵奢华的代名词。

有品位的女人应该是这样的：永远得体的装扮，永远脱俗的气质，微笑着聆听别人的谈话，说话风趣幽默，从不张扬，穿着不会五彩斑斓、浓妆艳抹，不会紧跟时尚，但修饰得体。我们要不断地修炼自己在品位方面的修养，就要在多方面下功夫。

首先，是我们对于装扮方面的品位。只有两个字就可以说明——得体，也就是你所选择的装扮永远要适合你的身份、年龄、所出席的场合、要面对的人物。只要做到“适合”“得体”，就算做到了有品位。在这方面，庄重永远比随性更重要，尤其是在公众场合。现在有一些女人在大街上穿吊带裙或者露背装，是一种让人很不能理解的行为，就像把晚礼服穿到了游泳池旁边一样让人不能理解。

其次，我们要加强自己在艺术方面的品位。要时刻为自己渲染出艺术的气氛，不仅能够陶冶自己的情操，而且会提升自己在品位方面的造诣。在床头搁本自己喜欢的画册、美文集等，晚上打开台灯在若有若无的轻音乐中翻阅，既可以让人平和宁静，又可以让你的知识教养有所提高。

假日里，去美术馆、音乐厅感觉艺术气息，拉近自己和艺术的距离，试着让自己成为一个充满艺术品位的女人。这样不仅能够加强自己在艺术方面的品位修养，还能够在和那些优秀的人聊天的时候有共同话题，一举多得，何乐而不为呢？

最后，我们要热爱生活，增加自己在日常生活方面的品位。为自己和家人创造温馨的家庭环境，在吃、喝、运动、休闲方面都有自己独特的见解，既不紧跟流行时尚，也不保守，只选择适合自己的居家和运动方式。既要掌握流行的品位，又要塑造属于个人的格调，从时尚中找出适合自己和家庭的一种生活方式，打造独有的幸福家庭，这才是一个有品位的女人会做的事。例如，在家中栽种一些小型的开花灌木比花瓶中的花朵更能够说明一个人的品位和情调。

总之，我们要在对外表的修饰、对艺术的重视和对生活的激情等几个方面来提高我们品位方面的修养。对于一个女人来说，性感美丽是她外在的魅力，独立自信是她内在的气质，那么品位格调则是女人价值的终极展现。也就是说，从一个女人的品位，可以看出她真正的价值。品位会由一个女人的举手投足间流露出来，成为她的身份象征，这就是品位真正的作用和价值。所以，那么多女人肯为了提升自己的品位，而上礼仪培训课、看时尚杂志、听古典音乐、自己亲手养花种树、布置房间等，这些不是没有理由的。她们通过这一切，证明自己对生活的热情，充实自己的人生，营造温馨浪漫的氛围，同时提升自己的品位。

22岁以后，我们也要学会重视女人在品位方面的修养，做一个有品位、有格调、不流俗的女人。如果你总是忽视这点，请记住下面这句话："一个女人拥有了品位，等于享受增值的自我；一个女人表现出品位，则意味着成功了一半。"只要记住这句话，我们就能够对自己要求严格起来，在品位方面重视起来。

女人要学会培养自己的气质

每个女人都有不同的气质，女人可以不漂亮，可以不解风情，但是如果你要批评一个女人没有气质，那肯定会引起她的厌恶。每一个女人都试图做一个“气质美女”，但很多女人却不知道气质到底是个什么东西。

22岁以后，女人一定要让自己成为有气质的人，气质无所谓好坏，只有类型的分别，只要自己能够找到属于自己的类型，并从中发掘出这种气质的优势，就能够做一个有气质的女人。

女人的气质类型分为四种：胆汁质、多血质、黏液质和抑郁质，这四种类型各有不同的特征。但一个女人也许不单纯属于哪一种气质，有些人是某两种或者三种类型各占一定的比重，比较复杂，但是只要弄清自己属于哪种气质或者是哪种气质的混合，就容易找到自己的人格特征，容易培养自己的气质。

第一种，胆汁质。胆汁质类型的人对人或对事注重感情，工作效率往往随情绪的变化而有较大的变动。他们能够保持旺盛的精神状态，喜欢气氛热烈的活动；理解力和执行力都比别人强，对自己感兴趣的事，可以废寝忘食地去做；表现欲强，自我感觉良好，不甘示弱，姿态、举止、动作都比较夸张。如果你属于这种类型的女人，劝你慢下来，你根本就做不到，即使勉强做到了，你也会很累，别人也很别扭。所以，不要勉强自己附庸风雅，只要改一改自己急躁容易激动的性子，就可以了。要知道急性子的女人也有自己的美，那种热情是一种无法阻挡的魅力。

第二种，多血质。多血质类型的人感情丰富，喜怒易形于色，无法掩藏自己的情绪。缺乏毅力，无论是学习还是做事都容易表现散漫，有始无终，喜欢见异思迁，不稳定；对外界事物感受迅速、强烈，但不深入，不能持久；态度乐观，善于交际，手腕圆滑，但缺少知心、稳定的朋友；自我评价往往受别人的态度影响，好评论他人；最容易受时尚的影响，往往跟风和盲从，不肯深入。如果你是这种类型的女人，就要特别注意要保持自我本色，因为你对自己魅力的认定也来自于别人的肯定和评价。你要做的就是抵御外界对你的影响，坚持自我，注意深入培养自己的某一优势，因为你的优势太多，反而无从选择。让自己多姿多彩的同时，不要忘了坚持一种姿态，否则你真的容易变成一个女人“模仿秀”，而失去了自我。

第三种，黏液质。黏液质类型的人，感情不易激动，行为举止平静连贯，比较理智；面部表情不丰富，举止也比较斯文，自制力强；做事有始有终，寻求规范；对外界事物的感受力不强，理解能力也比较慢，但是有毅力、有条理，容易被信任；为人平和，喜欢安静，善于克制自己，不善交往，但善于忍耐。如果你是这种女人，恭喜你，你是优雅的最佳代言人。对于你来说，平和淡然的态度，斯文有礼的礼仪，严谨的工作态度，优雅的举止是本来就应该如此的，根本不需要被特别培养。你本身就是一个带点“神秘”和“冷漠”气质的美女。林徽因就是其中最具代表性的女人之一。理智、平和和高深莫测是你的最大优势，如果你还需要修炼，就是努力让自己的表情看起来更丰富一点。

第四种，抑郁质。抑郁质类型的人属于那种总是带着点“淡淡的忧愁”、丁香花般的女人。她们不容易高兴，总是情绪黯然，不合群，喜欢独来独往；敏感细腻，怯懦，害羞，细声细气，不善交往；对别人的态度体验深刻，容易耿耿于怀，有惊人的观察力；精力不充沛，长时间处于亚健康状态，容易疲劳，但是善于深思，因此更显得柔弱和缓慢。对于这类型的女人来说，其最大的优势就是含蓄内敛、娇柔羞怯，最容易因为柔弱的姿态获得男人的怜惜之心。因为敏感而自寻烦恼，对于这类女人修炼自身魅力的方式就是尽量让自己大方一些，忧愁也有忧愁的美，但是自寻烦恼就大可不必，放开心胸是这类女人最大的挑战，如果能够做到，也就达到了修养的极致。

对于女人来说，培养自己的气质也要从自身的特征出发，而不能胡乱地模仿和学习。典雅优美不是每个女人都能做得到的，风情万种、仪态万方更要讲究先天的条件。培养自己气质的第一步就是要分辨出自己的气质，然后用艺术、文学、音乐等来陶冶我们的情操，加强我们某一方面的特征，最终成为有情趣、有味道、有气质的美人。

22岁以后，我们想要做一个气质美人，不仅仅是艺术培养就够的，还要事先分析我们先天的气质类型，因为气质是一种人格特征，它是不可以改变的，所以我们只能“因材施教”，加强优势，弥补缺陷，最终才能变得更有气质、更有魅力。

女人率真自然，做真实的自我

女人的魅力来自她的独特，也就是其与别人不同的地方，因此，只让别人知道你是一个美女是远远不够的，只有让别人认识到你是一个独特的、与众不同的女人，是你自己，别人才会对你产生不同的感情和尊重。

也就是说，女人要有自己的个性，无论是优雅还是气质，必须有一个独自承载它的个体，才能成为一个有血有肉的真女人，而单纯的优雅和品位，还达不到这种要求，只有一个人的灵魂有独特之处，才是与众不同的。22岁以后，我们要从自己的灵魂深处找出自己与众不同的魅力，在这些地方提升自己的修养，才能成为一个真实、有自己个性格调的女人。

男人喜欢女人，有时候只是因为她和其他女人有1%的差异，在张爱玲的名著《倾城之恋》中，男主人公范柳原曾说过：“有的女人善于说话，有的女人善于微笑，有的女人善于管家，有的女人善于低头。”每个人都有自己的特长，女人的魅力也是一样，我们要找出自己最擅长的表情动作，来修炼自己的魅力和修养，才能变得更有魅力。这就是所谓的“经营自己的长处，使我们走得更远”。我们要保持自己和别人1%的差异，才能更有吸引力。做真实的自我，魅力之路才能走得更长。

我们不能因为要修炼自己的魅力，而把自己弄丢了。人生最大的目标就是寻找自己，寻找灵魂深处自己作为一个女人的真性情。这种发掘既包括提升自己原有的品位和修养，也包括创造和发掘自己内心深处作为一个女人的自觉。我们会发现，每一个女人都是丰富多彩的，而不像我们通常认为的那样沉闷、木讷、呆板、严谨。

有修养的女人善于创造和挖掘。我们一定要清楚自己的优势和劣势，把自己的劣势巧妙地隐藏、淡化，把自己最有亮点的优势大大方方地展现出来。要想美丽，必须要了解自己。生活是靠自己创造的，个人的精彩也是要靠自己发掘。

做一个真实、不虚伪的女人，才会让自己轻松，别人也感觉放松。如果为了要表现出自己善于交际或者强势或者温柔的一面，而勉强自己故作风雅或者扭扭捏捏，不仅会让自己的优雅全无，而且你自己表演得很累，大家看得也会很勉强。

前一段时间，流行百变美女，一个女孩为了拴住丈夫的心，于是每天都变着花样打扮自己，争取让丈夫每天都有一个“新娘子”。开始两天丈夫还感觉新鲜，不久就厌倦了，直到闹了一个大笑话，她才停止了自己这种可笑的行为。那天她穿上了性感睡衣，放好了音乐，在家等待老公下班，老公刚一进门，她就搂住他的脖子，娇滴滴地说：“人家等你好久了。”她丈夫赶忙拉开她的双手说：“别闹了，我要出差一周，快去帮我收拾行李。”然后就闪到卧室去了。这时她才看清后面跟着他的上司，万幸的是，这个上司是女的，否则就真要贻笑大方了。等丈夫出差回来后，她就变回了原来的自己。直到不久前，他们两人还针对那天的笑话调笑了一番。

其实，无论是礼仪培训还是情趣培训，他们能够教给你的，只不过是大多数女人应该懂得的、普遍的东西，真正的气质没有人能够教你。想要做得更好，就要让自己更努力地发掘自身优势，创造属于你自己的独特气质和品位，才能成为一个有血有肉的真女人，这些是惺惺作态、矫揉造作的言行举止不能带给你的。

每个人都有自身的特点，不是别人能够模仿的。每个女人都知道娇柔的女人惹人怜爱，然而如果你身高 180 厘米、体重 150 斤，也试图表演娇柔和撒娇的话，那真的让人无法想象。如果长相平平还不屑于妆容，却总是做出一副仪态万方、风情万种的姿态来，也不免让人感到可笑。

所以，如果女人想要增加自己的魅力，就必须结合自身的特征来修炼自己，我们要做的不是变成谁，而是要做最好的自己，发掘出自己内心深处真正属于自己的魅力，展露出自己的风情，这才是提升自己修养的真正目的。

22 岁以后，一个女人应该正确地认识自己，知道自己属于哪种类型的女人，然后做这个类型女人的极致。不断地自我发掘、自我创造，也就是在不断突破自我、实现自我价值。我们要唤醒自己身体深处的灵魂，做最真实的自己。

Chapter 7

做智慧女人，要比聪明女人漂亮，比漂亮女人聪明

矜持一点，女人有时候不能太主动

女人要学会矜持，不能够太过主动，尤其是两性的对阵之间，更要拿捏好分寸，展现出作为女人的矜持和骄傲。

22 岁以后，女人正处在容易发生恋情和婚姻的阶段，任何一位适婚男性都会对这一年龄段的女人产生感情和兴趣。然而，女人不应该对于男人某种含有特殊意义的邀请做出太主动、太热切的反应。如果你不想和他发生超出友情以外的感情，就不应该让他抱有希望；即使你想你们的关系突破朋友的束缚，发展为更亲密的恋情，也要保持女人的矜持，不能够太主动，也不能够太热烈地回应别人。

女人的恋情发展和男人是有一定差距的，男人温情脉脉地传递他想交往的信息时，女人往往还没反应过来；男人发动热烈的攻势时，往往女人刚刚到温暖的阶段；当女人表现得热情非凡时，男人通常都及时地止住了自己的热情，进入了秋风瑟瑟的阶段了；当女人的热情终于退下来，进入了温和阶段，希望天长地久时，男人已经进入了肃杀的冬季，想要和你彻底分离了。所以说，想要爱情天长地久，就要让他追得辛苦一些，就要按你的步调来进行，而不能顺着他的意图来恋爱，这样一段感情才可能发展出结果。

从男人和女人的天性上说，男人被赋予了征服者的角色，女人则被赋予了跟从或者顺从者的角色。一旦女人太主动，就会让人产生本末倒置的感觉，让男人失去了征服的快感，也就注定了这一段感情的失败。从女人本身魅力的角度来说，应该是以含蓄著称，并不是所有男人都喜欢狂放的卡门，更多的男人希望女人能够矜持地等待他的邀请，而不是主动去邀请和追求他。

其实，很多时候，往往是女人扮演着“挑逗者”的角色。女人含情脉脉地给男人一个极富想象力的媚眼，或者用自己轻颤的眼帘泄露自己心动的秘密。其实这是一个女人故意做出爱慕的动作来吸引男人搭讪的，但是，所有聪明的女人都应该知道，你尽可以用自己的眼神、自己的表情来吸引男人，来暗示男人搭讪，但绝不能直接主动地邀请男人是否可以共进晚餐。因为这是不适宜的，如果你对别人表错了情，可以拒绝别人是会错了意，但是如果你做到了主动邀请，这样的事实是无法抵赖的。

再者，对于主动的女人男人会产生一种轻视的心理。男人往往更珍视自己费力追求来的东西，而不是唾手可得的东西。其实，女人有时候也有这种心理，如果自己费了一番唇舌，并且和别的女人抢来了一件衣服，是不是就对它珍视得多？换言之，如果这件衣服是我们买其他东西的赠品，无论它原来的价值有多高，是不是世界名牌，我们可能都不会太重视它。每个人都有这样的心理，如果你能够理解这些，你就会明白为什么男人会放着成排的、爱慕他的女人不喜欢，非要自己费力去追一个对他不屑一顾的女人，因为追到这样的女人，对于男人是一种成就。

现在的女人，都比较开放，越来越强势，越来越主动，越来越不在乎受挫失败，心也变得越来越粗糙。这会让男人再懒得以珍视的态度去对待女人，既然有这么多女人等着宠爱他，他为什么还要费尽心思地去讨好一个对他若即若离的女人？然而，男人也总有一丝遗憾，什么时候会有优雅、风情的女人值得和等待他去追求？

女人有时候真的不能太主动，因为有些时候，优雅就是矜持，就是把自己当成一件宝贝，轻易地不会给予他人。

女人还要做到不轻易地去宠一个男人，爱是有必要的，但“宠”只能是男人给女人的，女人不能主动给予。否则，男人被宠坏，就容易失去责任感，会对主动的情感和身体失去耐心和勇气，对爱情抱着越来越功利和实用的心态。

22岁以后，女人要学会矜持，学会在每一次爱情的诱惑面前把持住自己的心灵，这也是一种魅力，在爱情面前保持理智会让女人得到更多幸福。

时刻保持优美的姿态，才不会错过每个机会

女人要时刻保持优美的姿态，不能太随意，更不能太邋遢，只有这样，机会和运气才会更加青睐我们。机会是一位绅士，它会格外重视那些时刻保持淑女姿态的女人。

22岁以后，女人要保证自己的姿态时时刻刻处在最好的状态，永远精神饱满、靓丽地出场，不要让别人看见你萎靡不振或者邋遢的样子，才能够增加你的魅力，增加你工作和恋爱的机会。

有人说，男人看见自己的老婆永远是简装版，看见外面的女人永远是精装版，才会觉得自己的老婆不如其他女人漂亮。在自己的私密空间里，女人大可以慵懒，大可以以最舒适的姿态安置自己。但是除此之外，只要有一个人，哪怕是你的亲密爱人，你都应该保持一定的淑女气息，而不要让别人看见自己最不顾形象的一面。我们要做精装版的女人，才可能获得别人的欣赏和青睐，获得更多工作和恋爱的选择机会。

一个女人，想要获得优美的姿态，外表的因素占了很多，除了精神饱满之外，我们还要注意自己的妆容和着装，这样才能时刻保持靓丽，成为大家注视的焦点，最终才能够获得更多机会。有人很讨厌那种交际花式的女人，但毫无疑问，善于交际的女人会拥有更多的机会，享受更多男人的爱慕。我不鼓励女人成为交际花，但女人要能够应付各种各样的场合以及各种各样的人，才会在与人交往的过程中获取更多的机会，而她本人也会因与人交往而得到快乐。

那么，到底在什么样的场合应该有什么样的着装和妆容呢？这是一个值得探讨的问题。在不同场合，女人要保持不同风貌，才能够更有魅力。

首先，女人可以打扮得最美艳的场合是舞会，你尽可以化浓妆，穿艳丽的衣服，总之，让自己越美艳越能够吸引人。当然，艳丽的着装也要显出自己的品位。舞会是允许夸张艳丽的场合，只要不过于流俗，夸张、浪漫的服饰能使你的魅力大增。

宴会场合一般有两种。一种是以聚会为目的的宴会，这样的宴会本身就是华丽的场所，你应该表现出自己的高贵优雅，精致的妆容和礼服是你的首选。在这样的场合，不化妆或者淡妆是非常不合时宜的，但浓妆则让人感觉俗艳。最好是化一个精致的妆容，穿一袭高贵、正式的晚礼服，无论是传统古典的旗袍，还是款式简单、高雅精致的晚礼服，都是较好的选择。

另一种宴会则是商务晚宴或者酒会。虽然它也属于宴会的一种，但是它带有明确的目的性的，并不亚于职场的紧张。所以，在这样的宴会上，我们务必要表现得成熟自信、稳重优雅，才可能收到良好的效果。在酒会上，化太精致的妆会让人觉得你不容易接近，可以化一个成熟的烟熏妆，妆容的色调上可以强调金色或银色这种显得靓丽和成熟的颜色。服装最好选择小礼服这种非正式、但也不随意的衣服，绝不可以太暴露，也不宜从上到下都包裹得严严实实，露出肩颈是最恰当的尺度。

这些都是比较正式但休闲的场合，打扮成女强人是不合时宜的，太随性也很糟糕，最好是保守中带着一丝优雅的味道，让人觉得你是一个自信、迷人、优雅的女人就足够了。

在那些工作场合或者非常正式的场合，我们可以显得更加精明干练一些，比如面试场合、会议上或办公室中，你可以打扮得更加强势，妆容要淡，服装要稳重，如果想显得更加成熟庄重，选择深色系的服装和长裤是更加合适的。

当然在一些私人场合，可以更加随意。比如，逛街时，可以比较随性地穿舒适的休闲装。在家时，可以穿舒适的居家服，只要显得温馨而有情趣就可以。妆容当然可以随你的喜好，不化妆更加清爽宜人，也可以让你的皮肤好好地呼吸。

只有在每个场合都表现出适宜、优美的姿态，女人才可能获得更多的机会。22岁以后，女人要学会更好地打理自己，时时刻刻保持最佳状态，才会获得同事、上司的尊重，获得男人的青睐。记住，你的每一次亮相都是展示自己的绝好机会，你的好运会随着你的自我展示而被提升，机会也会随着你对自我的演绎而多起来。能够认识到这一点，你就会变得更加注重自身的姿态，也将拥有更好的未来。

在成功男士面前，别丢了自己的身份

在成功人士面前，有的女人会显露出自卑感；有的女人则会用不卑不亢的态度对待那些成功男士，这样不会丢了自己的身份，也不会丢掉自己的面子，而且最终这样的女人会受到成功男士的青睐。

20多岁的女人最容易因为盲目崇拜而产生恋情。在成功男士面前，最容易表现出自卑的态度和屈顺姿态，这种姿态最容易使你变成一个“便利贴”女人。

“便利贴”女人就是那些经常被成功男士视如无物的女孩子，当他们需要她时，她是招之即来的；当他们不需要这样她们时，也可以挥之即去，就像便利贴一样方便和实际。这样的女人往往很平凡，容易因为外表不漂亮、事业不成功而自卑。她们在和优秀的男人交往时，常常因为害怕对方不喜欢自己，而一直努力地对对方好，讨好对方。只要对方给她一点点回应，她就很容易喜欢上对方。她们总是随叫随到、有求必应的，只要一个召唤、一通电话，就会让她们赴汤蹈火；她们从来都是默默地付出，从不向对方邀功；甚至会在对方嘲笑她们的付出时感觉愧疚，拼命说“对不起”。

还有一种女人则会仅仅因为男人的成功而靠近他们，这类女人可能不是“拜金女”，但是，她们往往会不顾忌两个人性格不合，而执意地和他们交往，最终也会落得不欢而散的下场。我们的确应该和优秀的男人保持良好的人际关系，却没有必要盲目地崇拜和羡慕，更不应该像“拜金女”一样贴近那些成功的男人。正是有了这些女人的纵容，成功的男人才会产生轻视女人的想法，才会有那么多自以为是、狂妄自大的成功男人。

还有的女人则走了另一个极端，以一种高傲蔑视的态度来对待那些成功男人，认为他们没什么了不起，只不过是运气好罢了，于是总是持着一种高傲的态度对待他们，不屑于结交这样的朋友，这样的态度当然也不会为你带来幸运。

在成功男人的面前，我们不能够丢了自己的身份，永远要用一种不卑不亢的态度对待他们。这样，即使我们没有足够的美貌，也能够吸引他们的注意；即使不能够吸引别人的注意，也能够保住自己的尊严。自立的女人才是最美、最具魅力的。

无论我们如何爱一个男人，无论这个男人是多么优秀，都不值得我们“变得很低很低，把头低到泥土里去”，这是不值得的。尤其在优秀的男人面前，我们更要注意自己作为一个有魅力的女人的举止。不要表现得邋遢和粗心大意。越是在优秀的男人面前，我们越应该表现得镇定、冷静、自爱，这样才能够赢得别人的尊重和青睐。

《简·爱》中，女主角相貌平凡，在面对财富惊人、地位高贵、相貌不凡、但是性格怪异的男主人，她并没有自卑，更没有谄媚，她对男主人公说：“我们生来就是平等的，正像我们站在坟墓面前一样平等。”最终，由于简的自尊、自强，而赢得了男主人的青睐。

许多女人面对优秀的男人，不敢要求婚姻，不敢要求平等，不敢要求尊重，还有许多女人把这种关系美其名为“爱”。如果一个人真正懂得爱，就应该明白爱是存在于两个平等的人之间的，而不是隶属关系。在成功男人面前丢掉自己的身份，丢掉自己对于幸福生活的渴望，只能让他们更加嚣张，更加无视你。

在现实生活中，爱情是最讲究身份的。如果别人对一个身居要职的男人说：“今天看见你家保姆带孩子去上学。”那么，即使他明知道那是自己的妻子，他会承认吗？如果一个成功男人有一位不出色的妻子，他会带她出席大的场合吗？不会！

感情不只是两个人的事，如果跟你在一起，他会被别人嘲笑，他会放弃你的。所以，在优秀男人面前，尤其要保持自己的身份，保持自己优雅的风度、冷静的态度，这样才能赢得别人的尊重。在成功男人面前，即使你再自卑，也要掩藏好自己的情绪，表现出光彩和理智，这才是一个知性女人应该做的事。

22岁以后，我们自尊自强，有自己独特的思想和见识。在对待成功男人的时候，态度要不卑不亢，要热情但不过度，要冷静但不冷漠，要保持一定的骄傲矜持，但不可存在偏见，更不要傲慢。对于男士的好感，既不要拒之千里之外，也不要过分热切地回应，对于优秀男士的称赞，要坦然接受并表示感谢，而不要受宠若惊，这样才符合一个淑女的身份。

有情趣的女人，走到哪里都受欢迎

有情趣的女人，不仅能让她自己的生活充满情趣、充满乐趣，还能感染他人，使他人更加乐观、有情致，因此，无论她们走到哪里，都会受到欢迎。

22岁以后，女人要对工作、对生活、对娱乐都充满情趣。情趣，也就是对于生活的热爱和兴致，无论做什么，都表现出一种热情、乐观、兴致勃勃的态度。女人的情趣可以很高尚，也可以有些低俗，面对什么人，就要表现出怎样的情趣，只要是有情趣，就是好的。

你不可能面对庸俗的暴发户来展现你的高雅情趣。你能够想象邀请一位大碗喝酒、大块吃肉的老板欣赏《图兰朵》《蝴蝶夫人》吗？或者去听一场他也许会昏昏欲睡的音乐会？那肯定是不合时宜的，说不定会连你的生意都丢掉。当然，你也不可能去请一位优雅的绅士去唱卡拉OK或打麻将，那同样是对他的不尊重。情趣有高雅低俗，关键是看和你一起欣赏的人的素质。

没有情趣的女人，会让人觉得生活枯燥，工作疲惫，没有乐趣，使整个人看起来就像是一朵缺水的、半枯萎的花朵。现实中有许多女人都缺乏情趣，她们的娱乐很简单，除了看肥皂剧，就是逛街；工作之外是家务，整理不完的房间，洗不完的衣服；她们不会养花种草，不会养金鱼、养宠物，也不会插花，茶艺，甚至不会唱歌或者欣赏音乐；她们的兴趣就是围着老公、孩子，为自己和他们购置衣物，除此之外就是和一些和她们一样的女人漫无目的地闲聊。这样的女人对生活本身没有更高的要求，也没有更多的热情，因此，无论她们怎样漂亮，总是缺少一点生动活泼的情趣，整个人显得枯燥、无趣。她们在工作中不能很好地融入环境，在生活中除了整洁之外也很乏味，在娱乐方面更是一片空白。这样的女人怎么会受欢迎呢？无论提起什么活动，她们都一副毫无兴致、不想参与的态度；即使参与了她们也总是无动于衷，在角落里默默地等待别人的邀请。这样的女人，本身没有参与的热情，也就不能引起别人邀请的兴致，她们总是处在被遗忘的角落里。

在情趣的问题上，你必须主动地去表现自己，无论你做得好还是不好，只要主动去表现，就会有所提高，你的兴致勃勃甚至会引起别人的兴致，感染别人的情绪。做自己没做过的事，让好奇和兴趣引导你，你就会不断地表现出自己高涨的热情，这就是情趣。情趣当然需要一些天分，但是后天的修炼也必不可少。

比如，在和大家一起玩的时候，你能够玩得很开心，让在场的其他人也玩得很尽兴，能够带给其他人快乐；在冷场的时候，你能够讲一些笑话，开一些无伤大雅的小玩笑，组织一些有趣的小活动，来带动气氛。这就是情趣，这些情趣当然需要在日常生活中不断地修炼。

除此之外，我们还要培养一些生活情趣，比如在自己的办公桌上摆上一盆小花，养上几尾金鱼，为自己的办公椅缝制几个舒适柔软的坐垫等。在一些严肃紧张、竞争激烈的公司，我们不妨做一些小的情趣动作，比如，把自己喝咖啡的杯子换成那些极富情趣的对杯，在自己的计算机上装饰一些小的饰物，用彩色的、图案夸张的鼠标垫，在自己的手机上装几个卡通小饰品，这样就显得可爱多了。再如，把自己的工作表换成彩色的，这样上司看起来也更加鲜明，对你留下好的印象。

总之，我们应想方设法地把自己的工作环境变得更加丰富多彩，把简单、单一、干练的工作环境和工作氛围变得有情趣起来，把枯燥的工作变成一种乐趣，变成丰富多彩、有滋有味的生活。

在工作之外的时间里，我们更要让自己的生活变得多姿多彩、富有情趣。我们要学会发现生活中的情趣，让吃饭、睡觉、散步、运动这些简单的事都不再简单、单调。除了事情本身之外，我们还应该享受做事的心情，对每一个活动都兴致盎然地参加，细心地品味，自然会有与众不同的感受。

22 岁以后，我们要让自己的工作和生活时时刻刻都充满情趣、充满乐趣，这样无论走到哪里，我们都会受到欢迎，都会让自己变得格外精神、生机勃勃。

美丽让男人停下，智慧让男人留下

一个女人对于男人的吸引是从外表的美丽开始的，但是男人是否会为她们停留，则取决于她们的智慧。

22岁以后，我们不仅要做一个美丽的女人，还要做一个有智慧的女人，才能够让自己在人生的竞赛中胜出。美丽也是女人的一种智慧，能够把自己打扮得体面、吸引人，才能够让别人注意到你，进一步认识到你的内涵。

想必没有一个男人会喜欢一个邋里邋遢的女人，无论她多么善良和纯真。一味标榜内涵，而忽略了外表，也是一种浅薄。漂亮的外表更会吸引别人的注意力，尤其是异性的注意力。在20多岁这个年龄段，女人最重要的事情之一就是为自己找一个好伴侣。如果仅仅注重内涵的培养，就会让女人失去很多接近和吸引优秀男人的机会，这样的女人同样是不够聪明的。

最聪明的女人是比聪明的女人漂亮一些，比漂亮的女人聪明一些，人并不是非常漂亮，也不是非常有才华，但是性格平和、亲切，和她们相处有如沐春风的感觉。

许多女人都怀疑，为什么最优秀的男人旁边站的不是公主，而最优秀的女人旁边站的也不是王子。美丽的女人，容易被男人们追求，从小就被捧在手心里，和她们相处一定要能够忍受她们的小姐脾气，忍受她们的专横任性，还要忍受随时围绕她们身边的“狂蜂浪蝶”，是一件非常辛苦的事；对于有才华的女孩子来说，拥有才华让她们骄傲，目空一切，和她们相处会很不自在，她们会用那种“你很白痴”的眼光看你，况且，她们的择偶条件之高使你无法想象，这让骄傲的男人不能忍受。

所以，你常常会看到一个特别优秀的男人旁边站着一个平凡的女人，她既不是最美貌的，也不是最有才华的，但是很和蔼、亲切，就像邻家小妹给人的感觉一样舒服。所以，女人最重要的不是美貌，而是性格和智慧。

亦舒在她的作品里写过这样一句话：一个特别漂亮的女人，总让人生出卿何薄命的感慨。实在是因为一个女人太漂亮，往往会“身在福中不知福”，只注重外表的修饰，而忽视大脑的修饰。最终只落得个“以色事君，色衰而爱弛”的后果。

聪明的女人一定要避免这方面的错误，懂得让智慧弥补自己外表上的不足。即使外表再出色,也不要忘记内涵的修养。有魅力的女人就是一本让男人百看不厌的书,初看起来比较普通,细看起来处处充满了谜语、惊喜,后来才发现那是个人生的大花园,其中的故事和情趣无所不包,既让男人易懂,又有别样的深刻含义蕴藏其中。只有这样的女人,才是最吸引人的,才会让男人心甘情愿地留下来。

有智慧的女人是一笔可观的人生财富,三流的女人会把男人赚来的钱花在自己身上;二流的女人会把男人赚来的钱花在他的身上或者守住;一流的女人会让男人赚来的钱给他带来更多的财富。你认为一个男人会选择怎样的女人呢?

所以,女人除了拥有美貌,还要让自己拥有智慧。男人往往会因为美貌而被吸引,然而,想要和他相守一生,还需要有更多的智慧、更契合的心灵,才能够让男人为你驻足,为你停留,最终只属于你自己。

越是优秀的男人,就越有更多的选择权利,因此,他们也越不会轻易地为一个女人驻足停留。如果一个女人的智慧能够帮助这个男人成就一番事业,相比能够带给自己虚荣的女人更能够让男人留下。现代男人需要的不仅是"上得厅堂,下得厨房"的女人,他们还需要能够为他们的人生出谋划策的女人。男人往往需要通过建功立业和拥有优秀的女人来证明自己的能力,如果女人想要留住自己青睐的男人,不妨以一种他不会感觉到压力的方式为他出谋划策、规划人生。

聪明的女人有很多种,聪明也有很多形式,然而最有智慧的女人,不是仅会用化妆品和精致的服饰来装点自己的美丽。她们会把外表美丽放在一个适当的位置,仅仅作为一个吸引男人驻足的条件,而不是生命的全部。当这样的吸引没有意义之后,她们会用自己的聪明和才智给男人最多的鼓励,用宽容给男人最大的轻松,这就是一个女人最大的智慧。唯有这样的女人才值得男人尤其是优秀的男人为她留下。

22 岁以后,女人要学会用一种更智慧的方式来让男人心动,把你当作他生命中最后的女人,这才是一个有魅力的女人在感情上应该修成的正果。

Part 3

历练自己，做成熟女人

22 岁以后，女人不一定要成功，但是一定要变得更加成熟，无论是在人脉方面，还是在处世态度方面，我们都要变得更加圆滑，这样才能让我们在人生的道路上更顺利。对于一个女人来说，成熟比成功更重要，因为成熟的女人最终肯定能够获得某方面的成功，而成功的女性不一定就是成熟的，而往往会因为自己在某方面的不成熟，导致在某方面的失败。比如，许多事业成功的女强人在婚姻上却是个失败者；也有许多看起来幸福的小女人，她们的幸福缺少了自立的因素，因此变得岌岌可危，而充满不安定因素、充满风险。

女人首先要做到心理成熟，也就是要认清现实、认清周围的环境，用理智来掌舵自己的人生方向，才可能及时地把握住人生的幸福。除此之外，我们还要对自己有一个清醒的认识和明确的定位，这样我们才能知道自己到底想要什么，到底想成为谁。我们更要学会处世的规则，才能让自己在事业中游刃有余，最终变得成熟、有魅力。

所有人都会自然变老，但不是所有人都能够自然变成熟，对于一个青涩的女孩来说，变成熟是需要契机的，更是需要努力的。无论年龄多大的女人，往往都会被浪漫的爱情、不切实际的幻想蒙蔽了双眼，最终导致以悲剧收场。成熟则意味着脱去自己小女孩青涩的外衣，使世界以一种更明朗、更现实的姿态呈现在你的面前，这样你才能准备好自己的姿态，把握好命运的轮盘。

Chapter 8

广结善缘,聪明女人懂得积累人脉

女人要善用女性优势积累人脉

女人想要建立好的人际关系，比男人要简单得多，只要我们利用好自己的性别优势，就可以和许多人愉快相处，得到别人的帮助，建立牢固、有价值的人脉网络。

一个有智慧的女人不会让别人认为她是一个难以相处的、强势的“女强人”，更不会让人觉得她是个精明、厉害的“虎姑婆”。一个智慧的女人会让人首先觉得她是一个女人，当她感觉脆弱时，别人会心甘情愿地帮她；当别人感到愤怒、懊恼或者挫败时，她会很自然地安慰别人，让别人感到贴心、温暖。当她想要认识、结交你时，你会感到她魅力无穷，她让你无法拒绝，让你感觉和她交朋友是一种幸运，和她相处是快乐、和谐的。20多岁的女人一定要像那些职场前辈学习，利用自己的性别优势建立好的人际关系。

一般来说，女人就是“娇弱”的代名词，我们要利用好自己在男性心目中的“柔弱”特质，学会用“示弱”来拓展人际关系。美国心理学家曾做过一个调查，一个彪形大汉在马路上横穿而过，愿意给他让路的人很少；而老弱病残者过马路，大家都会给他让路，这就是人们大多有同情弱者的心理。而一个女人“示弱”，能够引起别人的关注，从而得到更多的爱怜与帮助。有人认为女人扮娇弱是一种虚伪的行为，那只是“大女人”一厢情愿的想法。事实上一个有智慧的女人会适时地表现出自己脆弱的一面，这并不用装，哪个女人没有感到无力、脆弱的时候？难道这时候，我们不想有一个男人在旁边安慰我们吗？只要我们这时候不掩饰自己，让自己的“弱”稍微流露出来，就能够得到帮助。

所以说,“示弱”是一种智慧、一种艺术、一种生存技巧。同时,它也能够给你的人际关系发展带来众多好处。示弱可以减少我们和其他人的“摩擦系数”,能够保存我们的实力,所以,它不仅是一种社交上的优势,而且是一种处世哲学。一个聪明的女人要学会“柔弱”,让男人的“大男人”的尊严和风度来保护自己,继而和他们建立更良好的人际关系。

我们要用女人的独特魅力和社交优势来建立和谐的人际关系。一个有魅力的女人,是活得最轻松、最精彩的女人,她们会在爱情、婚姻、事业和人际方面都如鱼得水、从容自若。不管是男人还是女人,都容易为一种女人让路,就是有个人魅力的女人。

比如,同样是两个女人,一个十分聪明,一个只有七分聪明,七分聪明的女人并不用向别人献媚邀宠,只要她懂得:说恰当的话,露出迷人的微笑;作为团队的一员,让别人同意自己的意见;博取上司的欢心,也不招来女同事的嫉妒。只要她懂得这些,并能够切实地做到,就能够比十分聪明的女人得到更快的升迁,建立更好的人际关系——无论是和女人还是和男人。

女人天生不具有威胁性,于是她们更容易获得男人的信任和友情,她们的魅力不但在男人面前有效,在女人面前同样好使。电影《托斯卡纳艳阳下》里有一句台词:“展露风情,在意大利是一种基本礼仪。”我希望所有的女人都记住这句台词,并且在生活和与别人交往中适时地展露自己的风情魅力。这不仅是一种社交方式,而且是一种积极的、有情趣的生活状态。只要做到这些,你的人际关系会变得更融洽,也许你还会发现,别人总是会主动地为你解决困难。许多人愿意帮你,这就是女人魅力的力量。

想一想,哪个男人不喜欢和一个漂亮而不冷漠强横的女人搭讪,哪个男人能够推脱一个温和柔弱的女人的请求?所以,我们要努力学着去做一个有魅力的女人,并用自己的魅力去和其他人交往,建立和谐的人际关系。

我们要用女人独特的温和和宽容去对待同事，和他们交往。当一个人感到沮丧或者乏力时，我们要懂得以女性特有的温和来安慰他（她），要懂得以女人特有的幽默感化解沉重的压力，让人感觉轻松自如、如沐春风，这样，工作环境也会变得更轻松，大家做事会更快乐。既然一个幽默、一席温和的话、一个友好的微笑，就能够做到这些，让大家都成为你的朋友，我们何乐而不为呢？

女人要懂得用自身的魅力化解尴尬，化解怨恨，让人们对你友善、宽容，乐意和你交朋友，这是任何有魅力的女人都可以做到的。我们要摒弃那些"女强人"强势的做法，让自己温和一些，才能够拥有更多的朋友、更和谐的人际关系，才可以建立更有效的人脉，让自己的前程更光明。

为人低调，别四处树敌

一个聪明的女人不会让自己处于很尴尬的地位，不会四处树敌，让自己生存的环境变得压抑，更不会让自己的工作处处遇到困境，她们会"化戾气为祥和"，恰到好处地化解误会和仇视，不会让自己陷入困境之中。

那么，什么样的女人容易四处树敌呢？

高傲。高傲的女人容易伤害别人的自尊心，她们一般都比较优秀，优秀而不加掩饰，最容易成为众矢之的，处处树敌。高傲的女人通常"鼻孔朝天"，不但得罪同事，在上司面前也不会讨巧，不但女人嫉妒她，男人也会认为她自视清高，高攀不起而不敢结交，这样优秀而高傲的女人最容易错过良缘。所以，越是优秀有才华的女人，越要学会随和，学会亲切。

冷漠。冷漠的女人表面上看起来并不骄傲，但是她的内心比谁都骄傲，她会笑嘻嘻地和每个人保持一定的距离，她看起来很亲切，实际上却是遥不可及。当你走近她时，她会用冷漠、疏离提醒你，从来不向你提及工作以外的事，遇到事情则“事不关己，高高挂起”，和所有人谈论都很谨慎，等等。这样的女人虽然不会闯什么大祸，但是和同事也不会相处得很好，不会和所有人都打成一片，甚至对公司也没有归属感。这样的女人不会被领导器重，也不会很快得到升职，所以，人们虽然不敌视她，但对她也没多少好感。

自私刻薄。自私的人只顾自己的利益，不顾别人的感受，最容易因为利益关系和竞争对手树敌。只要她们稍微顾及一下别人的感受，就能够做一个“不讨人厌的利己主义者”。刻薄的女人通常喜欢以犀利的语言嘲笑或者捉弄别人，重要的是她们喜欢“哪壶不开提哪壶”，所以会到处树敌。《红楼梦》中的王熙凤、林黛玉就是典型的刻薄人的例子，所以，她们两个的人缘都不是很好。

强势。强势的女人会让人感到威胁，她们的我行我素和不容他人质疑会让许多人受不了。因此，尽管只是工作意见上的不同，她们也会拼命维护自己的观点，因此和许多人结怨，更不用说许多其他方面的争执。她们让女人感到害怕，让男人感到有压力，让有资历的女人感到威胁。而如果她只是一个微不足道的岗位上的一个小角色，就会让所有的人联合起来封杀她，这是最不聪明的女人的做法。

一个聪明的女人和别人相处时总是平和、和谐的，让人如沐春风，绝不可能把自己的优秀、骄傲、强势展现在大家的面前。她总是面带微笑地要求你的帮助，对于麻烦你她总会感到歉意，让你不忍心拒绝，即使你再辛苦，也会被她的一个感激的微笑、一个真诚的眼神、一句温暖的话、一杯热咖啡融化掉。聪明的女人会用最富有智慧的、幽默诙谐的语言解除你的尴尬，让你感激她；会用自己女性的魅力风情把整个办公室的气氛调节得融洽而和谐；会把自己的办公桌收拾得整洁而有情趣。总之，一个聪明的女人可以拥有的魅力不是用语言可以形容的。而这种魅力带给她的人际关系更是和谐而融洽的，大家都会把她当作一个可以说心里话的人，可以从她那获得鼓励的人，可以信任和依赖的人。

总之，一个真正聪明的女人会让自己到处都有好朋友，到处有人愿意帮助她；而一个自以为是的女人，才会成为众人的“公敌”，让自己陷入“四面楚歌”的困境，甚至不得不牺牲掉一份本来很好的工作或机会，而且她的“聪明”会让她自己和别人过得都不好，尤其让自己陷入“两难”的境地。

所以，一个20多岁的年轻女人，一定要戒除掉来自学校的那份“天之骄子”的骄傲和事业型“大女人”的强势，让彼此都好过一点儿，才不会四处树敌，也能够让自己的事业进展得更顺利。

提升个人魅力来吸引别人

想要拓宽人际关系，就必须增加人际吸引力，女人增加人际吸引力的方法有许多，其中最重要的一种就是要增加自己的个人魅力来吸引别人。女性的性别优势，决定了她们的宽容和温柔，女人要善于用自身的资本来达到吸引别人，拓宽人际关系的目的。

22岁以后，女人要学会增加自己的个人魅力，这种魅力不仅指的是优雅的外表和丰富的内涵，还包括个人的性格魅力和人格魅力，做到这些，就能够增加我们的人际吸引力。想必每一个人都喜欢和一个整洁、优雅、宽容、温柔的女人交往。

增加一个女人的人际吸引力，首先要做的就是增加她外表的魅力，没有人会希望和一个衣冠不整或者在高档的酒会上穿着廉价的地摊货的女人交往。在社交场合，没有个性的女人很难引起别人的注意，而所谓个性则是你体貌、装饰、举止、教养以及性格的综合体现。一个给人印象良好的女人会有更多的成功机会和有比较高的成功概率。

在交际场合，学会适宜的装扮是有必要的。有些女人就是因为这些，购买一些国际名牌的服装来充场面，而往往又因为荷包空空而买一些国际名牌的打折服装。其实这是不可取的，国际名牌是不可能轻易打折的，打折往往意味着过时，也许都是三四年前甚至更久的款式。想一想，一个美丽的女人穿着香奈儿三四年前的春装，得意扬扬地走在一群高品位的人之间的景象吧，那几乎是一场灾难。

国际知名品牌有它自己的限制，并不是每个女人都有钱有能力拥有它，尤其是在高档社交场合，如果不是当季的新款，建议不要出来"秀"，女人的眼光如炬，你会遭到无情的嘲笑。其实，只要是款式、做工、面料都一流的服装，无论其是不是名牌，都可以穿到社交场合去，得体就是美。

其次是得体的妆容，如果你以一副素面朝天的面貌出现在别人面前，必然无法打动人心。得体的妆容可以为你的美丽加分，一副漂亮的面孔必然会为你带来更多的交往机会，每个男人都希望和美丽的女人搭讪，能够邀请她跳一曲则是一种荣幸。女人则希望和你沟通穿衣化妆的技巧，和你谈论美丽的秘诀，无形中你就增加了很多交往的机会和交谈的话题，并且不用你主动地去参与，只要你够出色，就能够引起很多人的交往欲。

微笑是一个女人最好的化妆品，是最美的表情。每个想要和别人交往的女人，都要以一副乐意与人交往的面貌出现，微笑则是表达友善的一个信号、一个暗示，它往往暗示着"我心情很好，我很欣赏你，我希望和你结识"。对于任何想认识你的人来说，这都是一种鼓励。在同事间，微笑则是友好交往的开始，如果你想拥有更好的人际关系，那么，就微笑吧。

充满魅力、机智幽默的谈吐会为你带来更多的朋友。人际交往最重要的一点无疑就是沟通，而现实中，人们常常是通过语言来沟通的。如果你不善交谈，无疑会使你的交往受到限制；而如果你一开口就出言不逊，想必没有人愿意和你交谈。交谈的目的无非是让双方产生一定的了解和好感，机智幽默的谈吐会让你轻易地达到任何目的，而固执倔强的言谈只能让你更加被动。

拥有良好的性格，女人的亲切、随和、温柔会最大限度地化解敌意，即使原本对你有成见的人也会在你宽容温柔的性格中冰释前嫌。一个随和的女人，就是一部巨大的兼容机，她能够兼容各种不同性格的朋友，让他们为自己带来更多的朋友、更多的机会。随和的女人与人交谈，往往让人如沐春风，一席话说完，常常让人意犹未尽。这样的女人往往有着很多朋友，甚至朋友的朋友、老公的朋友、儿子的朋友都会被她的性格吸引，成为她的好朋友。而且这样的女人会创造融洽的交往气氛，使大家都能感受她的快乐。

22 岁以后，女人要增加自己在各方面的魅力，以达到人际吸引的目的，最终和更多的人建立和谐的人际关系。而在人际交往中，做一个讨人喜欢、拥有好人缘的女人，可以对你的工作和生活产生更积极的影响。

善于赞美他人，做贴心女人

赞美在人脉经营中是一项很重要的利器。如果你学会了怎样赞美别人，就能够把自己的人际关系处理得非常好、非常和谐。这是一项不需要任何资本的投资，收益却比任何具体投资大得多。

很多人喜欢用请客吃饭作为人际交往中的投资，殊不知，一两次饭局、聚会，很难让人们对一个人产生特别的好感。而一句真诚的赞美却会让大多数人对我们产生好感，每个人都需要别人的肯定和认同。

所以，20 多岁的女人不要吝于自己的赞美，当你感到别人做得好时，真诚而及时地赞美别人一句，也许会为此得到一个至交好友。威廉·詹姆斯说过："人性的根源有一股被人肯定、称赞的强烈愿望。"所以，希望得到赞美是人的本性。有人说，世界上有两件东西比金钱更为人们所需要——认可和赞美，这就是古人肯用生命来报答别人的"知遇之恩"的原因。所谓的"知遇之恩"除了提拔以外，还包括对别人能力的认可和赞誉，这种认可和赞誉更加难能可贵。

赞美可以改变一个人的人际关系，如果你的人际关系不够和谐，或者你刚刚进入一家公司，对别人还很陌生，不妨大胆地赞美她们的服饰或者言行，这会让你们之间的关系变得密切。陌生人的赞美比熟人的恭维更让人觉得兴奋和亲切，这是因为人们本能地以为陌生人的话更可信、更真诚。

真诚的赞美有着不可名状的威力，尤其是女性的赞美更是男人事业上不可缺少的装饰。女人的赞美和仰慕可以增加男人的尊严和自信心，能够让他将你视为知己，能够最快缩短两个人之间的距离；赞美一个比你资历高的女人，可以让她觉得受尊重、被需要、被感激、被重视，这样她对你也会加倍看重和赏识，关键时刻可能站出来帮你一把。

霍尔·凯因的成功就源自一次诚挚的赞美。霍尔·凯因出身卑微，父亲是一个铁匠，他本人只读过八年书，不过他很喜欢十四行诗和民谣，很佩服英国诗人罗赛迪。于是，他给罗赛迪写信赞美他的作品和他在艺术上的贡献。罗赛迪很高兴，认为能够对他的诗有如此高的评价，如此理解他的人，一定也是一个很有才华的人。于是，罗赛迪请霍尔·凯因来当自己的秘书，这成为霍尔·凯因一生的转折点，从此以后，他和当时的文学家密切来往，得到了他们的支持和鼓励，再加上他不断地努力，终于成为声名远扬的文学家。

如果我们在事业上遇到了挫折或者在某项工作上遇到了"瓶颈"，我们也想得到别人的帮助。然而，帮助不是谁都能给的，那些"平时不礼佛，临时抱佛脚"的人总是得不到别人的青睐，也就得不到命运的眷顾。如果我们平时就注意赞美别人的能力，在关键时刻说一句："我记得您在这方面特别擅长，您能帮帮我吗？”我相信大多数人都不会拒绝。

女人要懂得用自身的优势表达对别人的赞美之情，这样才能够打开人际交往的大门。用赞美为人际做投资，就是要我们用赞美别人表达出我们乐意与之交往的意愿，让别人去主动结交我们。一个优秀的人需要别人的肯定，一个不优秀的人更需要别人的肯定，一个不知道自己到底怎样的人，非常需要别人的肯定。赞美就是一剂润滑油，它能够使我们的人际关系更和谐，更宽广，使我们更容易地和别人交往。无论在什么场合下，赞美都将是一个有效的工具，它可以帮助我们摆脱困境，达到目的。赞美让给予者和接受者都受益，是一个帮我们实现双赢的工具，是与人际交往最可靠、最有效的手段之一。

女人一定要学会赞美他人，尤其是20多岁的女人，它能够帮助你在职场上左右逢源，在和别人的交往中游刃有余，还会帮你交到越来越多的朋友，拥有更美好的前程、更成功的事业。

借助贵人的力量向上走

人脉之所以是一种资源和资本，是因为它是一种互相提拔、让彼此形成合则两利的共荣圈，简言之，人脉就是“施”与“受”的过程。这要求你必须展示自己的实力，让自己有能力来帮助他人，未来才有机会接受回报。所以，我们要在平时就注意表现自己的实力，以期获得贵人的青睐，借助贵人的力量向上走。

每一个女人都应该有这样的意识，注意身边的每一个人，引起他们的注意，并用自己的智慧与之结交，然后才可能找到自己的贵人，获得他的青睐和提拔。尤其是20多岁刚刚进入职场的女人，要更加注意身边的贵人，才可能“平步青云”。

交朋友太过于急功近利固然不好，然而结交一些庸才也是一种短视的行为，我们要不计短期利益，结交优秀的朋友，这样才可以得到最有价值、最牢固的人际关系，这样才有利于我们创造机会借助贵人的力量往上走。

据传，日月光半导体总经理刘英武当初在美国为IBM服务时，为了争取与老板碰面的机会，每天都观察老板上洗手间的时间，自己选择在那时去上洗手间，增加互动。我们也要有这方面的自觉，比如，我们想要结交自己的一位领导，就可以详细了解他的奋斗历程、人际关系、人际风格、关心的问题，并设计几句简单有力的开场白，当在电梯间或者其他比较私人的地方见面时，我们就可以主动和他打招呼。也许，不久我们就能够得到一次和他们长谈或者交往的机会，获得领导的青睐，争取到更好的职位，甚至可以为此而找到自己的“伯乐”，拥有更好的前程。

事实上，要遇到一个欣赏自己的“贵人”是非常不容易的事，我们要有一些技巧才可能结交到贵人。女人一定要注意自己的社交圈子，当你允许一些庸才在你身边围绕时，那些所谓的“高层次的精英朋友”就会自动地绕远。女人的价值不仅仅是她本身的价值，还有她身边的人的价值。

作为一个女人，要特别注重自己周围结交的人，我们要用“二八理论”去经营自己的人脉。企业经营管理中有一个著名的“二八理论”，通常的意义是说，在企业中20%的产品在创造着企业80%的利润，20%的顾客为企业带来80%的收入，20%的骨干在创造着80%的财富。“二八理论”告诉我们，要抓住那些决定事物命运和本质的关键的少数。

经营人脉也是如此，事实上对你一生的前途命运起着决定作用的，也就那么几个重要人物，甚至只是一个人。所以，我们必须对可能影响我们前途和命运的20%的“贵人”另眼相看，我们必须在他们身上花费80%的时间、精力和资源。这就是科学经营人脉资源的原则。这并不是要求我们一味地逢迎上司，而不理其他同事，而是要求我们多结交一些真正优秀的人才，不管这个人现在是落魄还是风光。

只有用我们的慧眼分辨出真正的有雄才大略和真正能力的人，才可以结交，而且是重点结交。在这方面，女人一向是有自己的优势的。我们挑选朋友要独具慧眼，不能闭着眼把每个乐意和你结交的人都当作知己好友。

这不是圆滑，而是一种生存的需要。我们要认清自己的朋友圈，从中找出几位贵人，重点培养交情，这样才会得到贵人的赏识，借助他的力量向上走。这是每一个年轻的女人都应该学会的处世原则。

像滚雪球一样扩大人际交往圈

想要扩大自己的人际交往圈子，就必须要有一定的技巧，而最大的技巧就是结识新朋友，不忘老朋友，让自己的真心和耐心感动每一个和你交往的人。

我们也许每天都会认识各种不同的人，然而如果我们没有足够的时间和精力维护这份友谊，那么感情就会淡去，你最终将失去一些朋友。22岁以后，女人都有了一定的人脉积累，我们首先要做的就是维持住这份友谊，让朋友们记住你的存在。

维持好友谊，不但能够让我们与朋友的关系更加牢固，而且可以增加我们的新朋友。想必每一个朋友都有自己独特的社交圈子，如果和朋友的友谊程度还不足以让我们走进他们的社交圈子就以疏远而告终，那么我们将失去一个怎样大的社交面积。我们交往每一个人，都不要单纯地看成和他本人建立关系，还包括和他的社会关系、社会地位、他周围的社交环境和社交圈子交往，这是一个延伸的范围，但只要你足够用心，就能够把别人的社交圈变成你的，并能像滚雪球一样扩大你的人脉资源。

比如，你认识了一个新朋友，通过这个朋友，最终你能够认识并结交到另外五个朋友，通过这五个人，你分别能够认识并结交到三个朋友。那么，通过这个朋友，我们一共可以结交到二十个朋友。因为人脉有轮晕效应，往往我们直接认识并结交到的朋友友谊更为牢固，通过他介绍的朋友也更多、更有效，而第二个层次的朋友，关系就不如他牢固，第三个层次更是如此。就像在水中投下一粒石子，第一层的波纹最清晰，越远处的越模糊一样。人际圈子也有这样的效应，所以，你直接结交的那些朋友虽然很少，但是最精华，如果你想让其他朋友，比如第二层次的朋友，与你的关系更密切的话，就要花费更大的精力。但是，如果其中有一个人是对你的人生有很大影响的"大人物"，那么，无论花费多少精力都是值得的。我们应该致力于和第一层次的朋友维持好友谊，并寻找和交往更多的第一层次朋友。因为第一层次的朋友往往更加纯粹，更易维持友谊，关系更牢固，也更有效。

女人想要更好地利用自己的人脉，就应该不仅致力于拓展人脉，还应该把更多的精力放在让自己的人脉更加牢固的事情上。而不能结交到很多新朋友，但同时自己的老朋友的友谊也很淡了，于是又回头维持旧的友谊，等关系维护好了，新交的朋友已经走掉了一半，如果进入了这样的循环怪圈，则说明你的交际技巧有待改进。

我们应该做到兼顾新老朋友，这就要求我们不要太自私，交往的目的就是"利用"别人，有时，你还要被别人"利用"一下。比如，通过聚会，把自己新结识的朋友介绍到你的社交圈以及你的老朋友，这样更有利于维持你们的友谊。因为别人和你交往的目的，也不只是你本人，还包括你的社交圈子、你代表的社会地位。让你们的朋友们相互认识，并不会给你带来什么损失，相反，你会通过他们的相互交流，使自己和他们的关系更加牢固、更加亲密。因为只有有了一定的亲密程度，你才可能把一个人带进你的社交圈。当然，作为回报，他们也同样会这样做。

22 岁以后，女人不应该只有闺密，还应该有闺密以外的女友和其他朋友，他们不作为一种知心好友的形式出现，但他们是你事业上不可缺少的伙伴，生活中帮助你的朋友。他们可能是你的同事、合作伙伴、客户、上司，甚至是欣赏你的对手，只要是可能有用的人，我们就应该和他们好好交往，发展出友谊。

女人要有几个关系很好的“蓝颜知己”，他们可以不是你考虑进一步发展的男朋友，但是，你必须保证当有一天你发现了他新的优点，希望可以和他进一步发展的时候，他能够接受你；当你友好地拒绝他的追求的时候，他能够有风度地放弃。这样的“蓝颜知己”不妨多几个，他们可以给你带来结交你欣赏的青睐的男人的机会。

女人还应该有男朋友，这样才能够保障在你适婚的年龄，会有一个优秀的男人把你带进婚姻的殿堂，做一个幸福的小女人。

总之，22 岁以后，女人应该努力地像滚雪球一样扩大你的人际交往圈，其目的不仅限于别人帮助你的事业，同时也会有成全自己的作用。

对待朋友，应该采其长补己短，以弥补自己的缺陷。从这方面来说，我们应该多结交一些男性朋友，因为男人的大度正可以弥补女人的小心眼，男人的理智可以牵制女人的感性放纵，男人的率直可以防止女人的猜忌。和一个风度翩翩的男人在一起，女人会不自觉地变得温柔。这不仅是性格上的互补在起作用，而且因为在异性面前，大家都会不自觉地收敛自己性格中的弱点，表现自己完美的一面。所以说，女人应该多结交男性朋友，强化自己女人的一面。

女人们在一起容易攀比，无论是容貌、衣着打扮，还是从生活用品，甚至是各自的男朋友，都要攀比一番。这是由女人敏感细腻的天性决定的，通过攀比，虽然有时候会让自己某方面的技能更强，但多数情况下会起反作用，因为女人很少因为工作方面而进行攀比，她们很大程度上所攀比的是没有意义的。

所以，如果你已经是一个很优秀的女人了，就没有必要和那些整天炫耀自己的小女人在一起，因为她们不能给你更多。你应该和那些成熟的女人和有作为的男人在一起，才有可能弥补你自身的缺陷。

22 岁正是一个尴尬的年纪，我们的青春已经走到了中途，和那些十七八岁的小女孩比清纯美丽已经不适合，而我们还不具备成熟女人的风韵、成熟、豁达。所以，我们要向那些成熟、美丽的女人学习经验，学习做事、和同事相处、和朋友交往、和男人周旋的经验，我们有必要交往一些比我们年龄大的女人，从她们身上获取成长的经验。

除此之外，我们还要交往很多优势互补的朋友。比如，单纯的女人要向那些处世圆滑人请教；圆滑的女人要交往单纯的女人来净化自己的心灵，以便你会有一些轻松的相处时间；粗心的女人要向细心的女人学习；敏感细腻的女人要学得心胸宽广一些；性格极端的女人要向温和的人学习等。每个人性格中都有一些缺陷，我们要找到能够平衡自己性格的那个人，向他们学习，取长补短。即使短时间内不能改变你性格中的缺陷，也能够让你在潜移默化之下，削弱你的性格缺点，达到平衡的目的。

当然，这个人不能和你完全相对，他必须在某方面和你是相同的，你们能够互相欣赏各自的优势，包容各自的缺点，这样才可以交往。性如烈火的人可以和温吞水性格的人交往，却不能和冷冰冰的人相容，这就是区别。如果我们一看见那个人就讨厌他，即使他性格中有与我们互补的地方，又有什么交往的必要呢？那不是优势互补，是自己找罪受。

其次，我们还要和那些与自己所学专业不同的人交往。俗话说"术业有专攻"，你善于策划不一定善于宣传，善于组织不一定善于执行，善于决策不一定善于交往，每个人都有自己不擅长的地方。我们要多多交往和自己从事不同职位甚至不同行业的人，外行往往更能提出有建设性的意见，因为他们思想上没有行业上的束缚，提出的方案更有可能突破陈旧思想。

总之，22 岁以后，女人要多多交往和自己互补的朋友，进步的方式有两种，即突出优点和弥补缺陷，前者要求我们与比自己优秀的朋友交往，后者要求我们多交一些优势互补的朋友，这样我们的生活和事业才能达到巅峰，接近完美。

Chapter 9

20 多岁的女人心理越成熟，越能把握人生幸福

始终做积极的自我暗示，好运气自然来临

人是唯一能够接受心理暗示的一种动物，你的心理暗示能直接影响你的命运。因此，积极乐观的语言将给你带来成功的人生，带来好的运气，这不是一种迷信，而是事实。

22岁以后，女人一定要接受积极的心理暗示，要知道你说的话一定会在说出口后变成现实。科学实验证明，人的自律神经通过大脑皮层来支配身体，而大脑则通过自律神经将想法传递到身体各部分，从而操纵我们的身体，把想法变成现实。也就是说，我们首先会从大脑中浮现出一个想法："就这样做""会变成这样的"，然后我们用语言或者用记事本把这种想法表达出来，把这一想法固定下来，然后这一想法被我们的行动实施，当然在公司中可能被多人实施，然后，这一想法就会变成现实。

因此，总是说积极性语言的女人，她们的每一天都会过得非常顺利，即使遇到了困难，她们也能够顺利地渡过难关。这是因为在她们暗示自己"一定会有办法"的同时，她们的大脑肯定在积极地思索对策，并不经意地行动起来，把自己的想法变成了现实。

日本作家佐藤富雄曾在他的著作《谎言法则》中写道："你嘴上所说的人生，就是你的人生。"他认为，你每天所说的话都给你指明了一天的方向，从你嘴巴里说出的话具有很大的威力，积极的语言能够把一个人带向美好的人生。要想把脑海里的语言变成现实，最重要的就是：在思考问题的时候，考虑如何让语言在脑海中浮现出来，以及如何把自己正在考虑的事用语言更好地表达出来。

而我认为，把积极的想法通过语言表达出来，不过是心理暗示的一种方法。还记得“疯狂英语”的教学模式吗？就是把自己学到的单词、句子大声地喊出来，于是头脑里就加深了对这个单词的印象。从一定程度上说，语言确实有与众不同的功效，它能够加深人们的印象，能够带动人们的激情。我们中学时曾做过实验，课堂上安安静静地看一本书，让大家复述，许多人根本不记得书中讲了什么；而如果让一个人读给大家听，则这个人的记忆深刻得多。

所以，心理暗示最好的方法当然就是用语言准确地表达出你的想法，用最大、最激情的声音呼唤出你最想达到的目标，这样你就会有更大的激情来做你选择的事。其次，把你想做的事情告诉第二个人，这样你在做事的过程中就会因为顾及面子而不会半途而废，或者得到别人的鼓励而坚持下去。

除此之外，女人的心理暗示作用往往更明显。比如，你可以想象自己是一个非常有魅力的女人，你就会发现自己的行为举止就会真的非常优雅、有分寸，别人也会用非常尊重的眼光看待你，最终你就成为一个真正有魅力的女人。而如果你不在乎自己的形象，把自己想象成一个三姑六婆式的人物，那么很快你的行为、语言就会向三姑六婆靠近，最终把自己变得和庸俗的女人一样。重要的不是你拥有什么，而是你决定拥有什么，幻想拥有什么。心理暗示会把你带到一个崭新的空间，它会影响你的人生、你的运气。

所以说，一个女人的心理越成熟，就越能获得更多的幸福。成熟的意思就是对现实有清醒的认识，不会过度幻想，如果事情出现坏的结果，她也不会太沮丧，总是在乐观地看待一切。

如果一个女人总是在心中暗示自己“我会成功”，那么，她的命运就不会太坏。如果一个女人总是在心中说“我是一个好命的女人”，那么无论成功的概率多低，她都会去试一试，也许在尝试中，她的幸运就真的来了。心理暗示就是有这样神奇的作用，它的原理很简单，你认为可以，肯定就会努力，而一定的努力必然会给你带来更好的结果。

每一个女人都要在清醒地认识这个世界现实的同时，不对现实失望，而抱有希望，你的命运才会越变越好，积极成熟的心理会把你的人生带上一个新的高度。

22岁以后，女人要让自己的心理渐渐地成熟起来，让自己用心理暗示把好的命运带给自己，这样我们才能获得更多的幸福，成为一个好命的女人。

人无完人，别太在意自己的缺陷

女人不用对自己的缺陷太在意，有句话说："每个人都是上帝咬过的苹果，缺陷大，是因为你格外香甜。"所以，不用因为自己脸上有几个雀斑、眼睛不够大、腿太粗等小缺陷而感到烦恼。

别人不会因为你身体上的小缺陷而轻视你，只会因为你粗俗的言谈举止、低下的能力而看不起你。22岁以后，女人要多看看自身优势，对于那些不能够改变的缺陷就直接忽略掉，如果你真的为此而烦恼不已，不妨想办法改变这种现状。

随着科技的进步，没有什么缺陷是不可以改掉的，脸上的雀斑可以用激光祛除，太胖可以减肥，容貌不出色可以通过化妆增色，甚至可以整容，没有什么是不可以改掉的，除了坏习惯和坏习气。如果这种缺陷是不可改变的或者你不想改，就没有必要太在意，以免影响到你的正常工作和生活。

美国著名歌手卡丝·黛莉从小就表现出很高的音乐天赋，然而她却长了一口龅牙。所以她总是不敢张开嘴唱歌，一直努力地把上唇向下撇，以掩盖自己的门牙，结果她的演唱总是变得滑稽可笑。导师教导她说："龅牙不是缺陷，不敢张开嘴唱歌才是缺陷。只有张开嘴，唱出好听的歌，观众才会欣赏你，接受你的龅牙。"她听了备受鼓舞，最终成为美国最著名的歌手之一。于是外露的龅牙和她的歌声一起构成了一个完整而独特的卡丝·黛莉。

每个人的身体或者性格都难免带着一点与生俱来的小缺陷，有缺点并不意味着失败，我们应该正确地认识和接受自己身上的某些小缺陷，并通过自己的努力，把劣势转换成优势，并把这种优势转化成自己独一无二的一种风格，这是大智慧的女人才能做到的事。

如果我们总是执着于自己的一些小缺陷上，为它吃不好饭，睡不好觉，不能专心地投入工作，那么缺陷就会成为一种拖累，它会让我们的自信心丧失。那么，即使我们是美丽的，也可能因为对缺陷的烦恼而变得丑陋。对于旁观者来说，你的美丑并不是很重要，你的精神气质才是重要的，一个八分美女因为缺陷而丢失了自信，就可能变成五分；而一个八分美女掩藏好了自己的缺陷，并把它变成了自己的优势，美丽就会变成十分。心境的确可以影响一个人的相貌，微笑远比皱眉要美得多。

曾经看过一幅颇富哲理的画，一个人在前面昂首挺胸地走着，他的背影显得十分绅士，另一个男人弓起了腰，驼起了背，因为他想隐藏他衣服上的那个补丁，隐藏他的贫寒。然而事实上，前面的那个绅士衣服上也有一个补丁，同样在自己的胸前，和后面的人一样是个贫寒的人。但是，后面的人想不到有人能够不在乎衣服上的补丁而走得挺胸昂头。于是，不同的心境就产生了不同的后果，前面的人走得像个绅士，后面的人却像一个贼头贼脑的小偷。

每个人身上都会有一些缺陷，不过因为有的人不在乎，所以活得洒脱，活得自信，也就活得精彩。有的人因为自己的小缺陷而患得患失，反而失去了那股自然、洒脱的劲头，缺陷成为他的笼子，束缚了他的能力和自由。

不要再为自己小小的缺陷而烦恼不休了，也许有它正是幸福的标记。有这样一个笑话，一个龅牙男被选中当演员，他的妻子告诉他马上就要当明星了，应该光鲜亮丽一些才行。男人听了妻子的话，就拔掉了自己的两颗门牙。结果导演说就是看中了那两颗龅牙才选他的，龅牙没有了，他也就无法当演员了。人们听了这个笑话，一定感到很好笑，其实，在我们的生活中并不少见。一位女孩为自己的虎牙烦恼不休，交了男朋友后，怕他嫌弃，就决定拔掉，幸亏她的男朋友在一次约会中说："我就看中了你的两颗小虎牙，一笑起来，特别可爱。"女孩冒出了一身冷汗，因为她原本决定第二天就去拔那两颗虎牙，她很珍惜他，庆幸自己没有拔掉，否则真的可能会发生笑话中的灾难。

萨特说："存在就是一种合理。"也许缺陷正是我们区别于他人的一种特色呢！否则，满大街柳眉大眼樱桃口的美女，不会让男人们产生审美疲劳吗？据说，有人曾挑选公众认为最美的五官组合在一起，产生了一个典型的美女容貌图，但是所有的人都认为，精致有余而魅力不足。可见，正是因为缺少了个性特点，美女也会变得缺少韵味。

缺陷就是一个人区别于他人的最明显的特征，我们要懂得欣赏自己的与众不同，懂得欣赏自己的美丽，用自信来迎接别人怀疑的眼光，来证明自己的能力。最终缺陷也能够变成自身的一种优势，一种风格。

22 岁以后，我们要学会理智地看待自身的小缺陷，不要为了它们而一味烦恼，以至于耽误了正事，破坏了自己的心境。要知道，残缺的维纳斯才是迄今为止最美的艺术品之一，有时候缺陷才代表完美。

始终靠自己，别总想依靠别人

22 岁以后，女人一定要意识到，除了你自己以外，没有人可以让你依靠一生。张爱玲曾经在她的著作中说:“每个人和另一个人都只有半生的缘分。”这也算是一种“靠人不如靠己”的解释吧。

女人如果想过得好,就要靠自己的努力,靠父母、靠男人,都不可能长久。就算你的父母现在能够让你依靠,但是他们的人际关系能够让你利用几年?他们的金钱能够支撑你多久?虽然他们是不会背叛你的,可是,就算你有一对富可敌国的父母,他们留给你的只不过是财富,能力没有人能够给你,人脉也没有人可以给你,只有靠你自己去努力、去经营。

现在的年轻女人往往自立能力差,一旦离开家庭,就会感到寂寞,觉得没有着落。许多女人感受了职场的疲惫后,常常会说:“找一个终身‘饭票’嫁掉吧。”于是有了婚姻,可是这样的婚姻能够维持多久?如果你嫁的是一个穷人,就不免会堕入“贫贱夫妻百事哀”的境地;如果你嫁给一个能够给你优越生活的人,你是选择继续工作还是做家庭主妇?继续工作同样会很累;做家庭主妇却要担心自己的能力会下降,担心一旦发生婚变,自己该怎么办?

女人患得患失的心理无非是自己没有自立自强的意识,如果你清醒地意识到,你靠自己就可以活得很好,可以活得自由自在、洒脱不羁,就不会因为急于摆脱疲惫和困境而借助婚姻的力量。

女人通常习惯于依靠,这大概与小时候父母的教育观念有关,小时候,妈妈一定告诉过你,女人的幸福就是一个好的归宿,甚至童话中的公主,也必须通过王子来获得自己的幸福生活。所以在潜意识里,女人都认为一个女人的幸福取决于她的伴侣,一个优秀的丈夫,就是获得爱情和幸福最好的渠道。

诚然,人生中的另一半是很重要的,但他并不会重要到不可缺少,不是离开他你就活不了。女人必须意识到这一点,才能够彻底活得幸福。你必须意识到,无论离开谁,离开哪个工作,哪个单位,哪个圈子,你都会照样活得很好,活得很精彩。你要有自己的生活方式和娱乐方式,这些和你与哪个人交往无关,跟你做什么工作无关,只与你的心境、你的生活方式有关。

还有的女人并不是在经济上依靠男人，而是感情上的一种依靠。她们有足够的经济条件，有很好的工作或者事业，但是她们却离不开男人，她们需要男人留在身边，安慰她们的寂寞。这样的女人在事业上是强者，在感情上却是白痴，最容易受男人的骗。

女人是容易寂寞的，无论是因为她们敏感的内心，还是因为她们渴望被爱的心灵。哪个女人不希望有一个深爱自己的男人？哪个女人不希望自己有一个幸福温馨的家庭？女人比男人更恋家，有更多的群居需要。很少有女人能够忍受独居，她们宁愿和一群并不十分友好的女人住在一起，这是因为她们有更多的精神需要。

22岁以后，女人一定要多和朋友交往，有几个知心朋友，在空闲的时候就会多一些交流，少一些寂寞。除此之外，我们还要多读书，多听音乐，有更多的生活情趣，精神生活丰富了，空虚寂寞的感觉就会少很多。

总之，女人要明确地意识到自己是独立的个体，不是附属物，更不能依赖别人生活。无论是物质上还是精神上，女人只有独立了，才能够成熟和坚强，有足够的心理承受能力。女人可以依靠别人，但离开任何人，女人要能够独自活得很好，因为她主要依靠自己。

懂得自制，不要放任自己的习惯

女人不能因为自己的习惯，而一味地依赖别人，或者认为这样做是对的，是理所应当的。习惯有一种可怕的力量，它会让你的生活变得非常有条理，也可以让生活变得非常混乱；它会让你走向成功，也会让你走向毁灭的境地。女人要让自己的心理变得更成熟，要用理智的眼光来审视自己的习惯，不要放任自己的习惯。

22岁以后，女人要有理性的认识，对于将要决定的事，不能够通过习惯和经验来决定，一定要经过理智的思索，才能够让你的决定更趋近于完美和正确。让理智为自己的人生来掌舵，女人的心理才能够变得逐渐成熟起来。

有人说："自己把自己说服了，是一种理智的胜利；自己把自己感动了，是一种心灵的升华；自己把自己征服了，是一种成熟。"我们就要处在不断自我征服和升华之中，才能够不断地进步，不断地成熟。女人要有不断进步的观念，不能够依靠习惯和经验来对待自己的生活和心理，不能靠习惯来判断形式的变化。如果你的生活还不是特别幸福的话，也许是因为你的观念或你的心理习惯有问题。

如果我们习惯了靠经验来判断和决定一件事情，那就会形成思维定式，如果走不出自己的思维定式，我们就会一直停留在幼稚的阶段。女人心理越成熟，就会越理智，越能够正确地看待和对待幸福。

有许多女人的工作岗位非常不好，薪水也不多，但是她们就是不肯离开自己的单位，问她们为什么，她们只是回答自己习惯了那份工作，习惯了那些同事，离开了这个单位，她们不知道自己还能干什么。还有一些女人，明明自己的男朋友对她并不好，总是不够体贴，可就是因为习惯了他，而和一个不够体贴的男人走进了婚姻。

有的女人习惯于沉默，无论别人怎样欺负她，她都沉默以对；有的女人习惯了任性，习惯了顺从，习惯了委曲求全等，这都是一种幼稚的表现。如果你信心十足，足够坚强，你就应该明白，并不是我们习惯的就是好的、就是正确的。如果我们改变一下自己的看法和做法，事情就可能朝着另一个方向发展，事情可能进展得更加顺利，你可能就有更好的运气。

我们要听从自己的理智，才能够改变自己的命运，只有心理不够成熟的女人才会依赖于习惯。如果我们足够成熟，就会认识到，坏习惯会让我们失去很多。

女人为什么总是按照习惯来做事？那是因为按照习惯来做事会节省很多精力，会让人更有安全感，但是一个人如果想要真正地成长，就要突破舒适的范围，也就是要暂时失去安全感。这样心理才能够更成熟，做的决定也才能更正确、更理性。

女人的成长很重要，第一步要做的就是抛弃一切不良的、自以为是的见解和习惯。如果迄今为止，你的生活一直过得坎坎坷坷，就算你习惯了所有的生活习惯和价值观念，你也要为更好的生活做出改变，改变自己依靠习惯判断的状态，改变自己的生活态度，改变自己的陈规陋习。只有承认自己的不良习惯并勇于改变的女人，才会有更大的进步。

如果放纵自己的不良习惯，就会让自己变得更懒惰，而难于突破自我，难于有进步，也就会停留在自以为是的、幼稚小女孩的阶段。只有无知的人才会固执地不肯改变，我们要多听听别人的建议，多用自己的头脑理智地思考一下。一味沉迷于自己的幻觉和习惯，会让你成为一个长不大的小女孩。

22 岁以后，女人一定要让自己成熟、理智起来。不要想怎样就怎样，更不能习惯怎样做，就一味地那样做，那会让我们失去成长的机会。迷茫时，思考和选择最重要，方向和行动是迷茫的钥匙。

如果你对自己的人生方向、自己为人处世的方式产生过怀疑、产生过迷茫的话，那么不要急于下结论，更不要习惯性地盲目行动。一定要经过理智、沉着的思考，做一个最适合你、最有利的选择，才是一个成熟女人应该做的事。

Chapter 10

年轻时少做些傻事，别让好运的天平倾斜

别想让别人事事都顺着你

年轻的女人总是任性的，她们认为人人都应该按照自己的意图做事，事情应该按照自己的想象发展，人人都应该让着自己，事事都应该顺着自己。女人千万不要有这样的傻念头，要知道你不是真的公主，大家不是你的奴仆。想让事情按照你的意愿发展，你需要付出更多的努力。

20 多岁的女人往往有许多自己独特的想法，有太多的执着和特立独行。特立独行本身没有错，但是“理直气壮”地要求事事顺心就大错特错了。如果你一意孤行，就会在现实面前撞得头破血流。

22 岁以后，女人不要太任性，不要总是由着自己的性子做傻事。可以“走自己的路”，但也要“听别人的劝”。如果你想做一个好命的女人，就要明白命运会厚待什么样的女人，什么样的女人才会被人们欣赏、被男人青睐，怎样做事才会顺利，然后按照这个规律去做人做事，才可能获得成功。

女人要学会努力地主动改变自己来适应环境，而不是总要求环境去适应你，要求别人来迁就你。就算是再爱你的男人，如果你太任性，就可能把他的耐心磨光。太乖巧的女孩固然激不起男人的征服欲，太任性的女孩最终也会被自己的任性所伤害。

你每天要面对你的同事、上司，太任性不但伤害别人的感情，使自己的工作进展得不够顺利，甚至会给公司带来重大损失，让你的能力受到质疑。22 岁，我们毕竟还太年轻，缺少生活的磨砺，缺少理智的掌控。这个年纪的女人还很幼稚，很不谙世事，为了避免犯一些不必要的错误，我们要积极听取别人的意见，少做一些傻事。

再者，生活中总有一些坎坎坷坷，不可能一帆风顺，女人要有接受挫折的准备，要能够忍受拂逆你的事，不要太自以为是。在和别人相处的时候，要学会宽容，学会理解别人。也许你有自己做人的原则，但不要以这些原则来要求其他人。

就算是公主也不能事事顺心，何况一个平凡的女人，不要做这样的美梦，要把心态调整好，无论事情顺心还是不顺心，我们都要以积极的态度去对待它，以享受的态度来对待事情的结果。不管它是完美的还是差强人意的，我们都要抱着乐观的态度来看待。

“生命中有许多你不想做却不得不做的事，这是责任；生命中有许多你想做却不能做的事，这是命运”。每个女人都要有这样清醒的认识，每个女人都要有责任心，也都要顺从命运的安排。事情不按照你的意愿发展，并不代表没有转圜的余地，成熟的女人就是要把这种转圜变成事实，把事情变成你希望的样子，这才叫做智慧，才叫有能力。

一味任性、倔强的最终后果就是撞到了南墙，把你自己撞坏。女人要懂得“山不转水转”的道理，如果什么事情不能围着你转，你就要学会围着它们转，最终达到你的目的，才是最根本的目标。不论以什么方式，达到目的最重要，能够不拘小节的时候，就不要太拘小节。

人生不如意事十之八九，我们要常想“一二”，忽略“八九”，才能够让自己活得更自在，更幸福。过于倔强、执着、任性，只能让自己更痛苦，让自己身边的人更痛苦。做人不要太任性，不要太纠结于一点，这样才能更轻松。

22岁以后，女人一定要清醒地认识到自己的处境，不要要求人人都迁就你，事事都顺着你。每个人都有自己的责任、自己的束缚，我们不能够脱离世俗来讲求自由。尽量少做些自以为是的傻事，少要求别人，才能让自己获得幸福，才能够让自己成长得更快，心理更成熟。

女人不能随便总花男人的钱

年轻的时候，我们要少做一些傻事，特别是对于金钱和感情方面的问题，更要慎重。不要因为习惯了花别人的钱，而落入坏男人的陷阱。

22岁以后，女人要戒除贪小便宜的坏毛病。有些女人经常接受男人的邀请、男人的小礼物，花男人的钱，有时是因为自己刚刚参加工作，经济上不宽裕。在她们看来，花男人的钱，只不过是吃一顿大餐，得到一件足以炫耀的首饰，或者因为他们送的礼物真漂亮，她们的想法很单纯，就是男人的一点点小钱可以改变自己目前拮据的状况，并不以为背后他们有什么目的。

但是，大部分男人的目的性很强，他们不可能随随便便地把自己辛苦赚来的钱花在不相干的人身上，他们肯付出，是因为他们渴望着更大的回报。所谓的“欲将取之，必先予之”没有人比男人认识得更清楚，运用得更熟练。

许多女人往往在将结束双方的关系时，无辜地问：“你觉得我是一顿饭，或者一件礼物就能够收买的女孩子吗？”“不！不是！那远不能满足你。你需要的更多！”于是，伴随着这种争吵，一张花费清单就列了出来。女人就会发现，你欠的真不是一般地多，那是你根本不能够还清的。于是你发现自己不再那么理直气壮，你会在结束这段关系之前，在还清欠款和不必还钱中继续纠缠摇摆，最终，你也许会因此妥协，获得一份自己不喜欢的感情；或者两个人彻底分手，但是你多了一个敌人。现实中有许多因为女人花男人的钱而感情破裂的例子，女人为什么不看清自己的处境，杜绝随便花男人钱的坏习惯呢？

如果你是一个总花男人钱的女人，就代表你能够用金钱打动，别人就会用金钱来收买你的感情。这样的女人更容易吸引那些只用金钱打发女人、从来不负责任的花花公子。

俗话说“吃人的嘴短，拿人的手短”，如果你总是在花男人的钱，就别奢望别人对你不会生出非分之想或藐视之心。每一件事的背后都是等价交换关系，如果你总是花男人的钱，等有一天你还不清了，你准备用什么偿还？

如果你习惯了花男人的钱，他在心里就会想，你是否就是这样一个女人，你是否也花过其他男人的钱，为他提供过爱情。这样你的感情就变成一种可以买卖的东西，就不再珍贵。当有一天，他不再心甘情愿地供养你时，你会发现自己一无所有。

还有一种女人，非常“拜金”，这样的女人本身不相信爱情，不相信生活，她们往往受过情感上的挫折，所以她们的价值观非常简单，你给我足够的金钱，我给你需要的，货银两讫，彼此不拖欠。然而，当有一天她们真正遇见自己心动的男人，就会彻底绝望，认为自己失去了爱人的资格。与其面对那样不堪的一天，为什么不好好珍惜自己呢？

就算你不是一个拜金的女孩，如果你总是花男人的钱，就会形成一种习惯，认为别人为你花钱是应该的，那你还有什么赚钱的必要？当你想收住自己大手大脚花别人钱的习惯时，你会发现你根本就做不到，因为这已经变成你的习惯，你已经习惯有一个人能够予取予求，离不开那个坏男人了，可他绝对不会为你负责。

当然，这并不意味着永远 AA 制，而是要求女人不要总花男人的钱，要有独立的意识，不能够随便花别人的钱。22 岁以后，女人不要傻傻地认为金钱和爱情是两回事，如果你总让别人付出，总有一天会有你付不起的代价等着你，真的等到那一天，你就会欲哭无泪了。

你有什么样的资本，男人才会喜欢上你

20多岁的女人往往自视过高，觉得所有的男人都应该喜欢她们，甚至被有男人不喜欢自己的事实搞得很郁闷。有很多美貌的女人更是喜欢像孔雀一样开屏，让所有男人的眼光都聚集在她们身上。这样的女人，并不是真的想恋爱，而是证明自己的女性吸引力，证明自己的魅力。

这样的女人，虽然让男人垂涎，但绝不会产生娶回家的念头，想一想娶一个随时随地对任何男人都在“孔雀开屏”的女人，那要冒多大的风险啊！而且，她们也容易被同性排斥，想一想哪一个女人会喜欢比自己更漂亮、更出风头的女人？22岁以后，我们不要再做用吸引男人来证明自己魅力的傻事，这既让坏男人觊觎你，让好男人看轻你，又会遭到同性的嫉妒和排斥。还是想一想自己应该有什么样的资本让男人来喜欢你吧。

你可以不漂亮，但绝不能丑陋。精致的妆容，得体的举止，可以弥补面容上的所有不足。这个世界上没有丑女人，只有懒女人，只要花一定的时间保养你的肌肤，花一定的时间健身，花一定的时间和金钱参加一些培训班，就肯定让你一举手一投足都流露出迷人的风情。只要我们善于打理自己，就一定能够做一个美人，更何况我们还这样年轻。

独立的经济和人格非常重要。现代女性已经基本能够做到经济独立，自己养活自己是没有问题的。关键是人格的独立性，许多女人根本做不到这一点，在她们的观念中，家庭和男人还是她们的一切，独立的思想和人格在她们看来不知何物。她们做的所有事只为了取悦男人，而不是为了让自己过得更好，不是取悦自己。

记住，如果你做的所有事都是为了吸引异性或者取悦自己的男人，那你就缺少了独立的人格。当有一天生命中缺少了某个人，你可能就真的活不下去。你做的所有事必须先取悦自己，然后再谈同时是否取悦到其他人。你必须认识到，在任何人面前，你都是平等的、独立的、自尊的，你的自尊心不容任何人践踏，你可以爱别人，但一定要先爱自己，这样你才可以过得最好。

清醒地认识到是你的哪一点使对方动心，你拥有什么样的资本让男人喜欢你。这样你才能够更自信，少做一些自以为是的傻事。

有一对非常要好的朋友，A 长得非常漂亮，有很多男人在追求她；B 长得并不漂亮，尤其在 A 的映衬下，更显得微不足道，但她并不自卑，她明白自己不能够在相貌上胜过 A，于是也就不在相貌上大做文章，她只是默默用功，最终成为一名能力卓著的建筑工程师。当 A 年华已逝，牵着当年风度翩翩的王子，现在已是大腹便便的中年男人，走过一栋大楼时，看到了貌不出众的 B 正指挥着一大帮年轻人，其中不乏爱慕 B 的男人。

当 A 告诉她的丈夫，那就是当年她身边的丑小鸭，也许暗恋过他时，她看到身边的丈夫发起了呆。一股无奈的酸楚感觉涌上了 A 的心头，想一想如果当年自己努力过，或者在结婚的这些年里，自己曾经好好地管理过自己的人生，也许又是另一番景象。

女人要少做一些傻事，在年轻的时候忙于证明自己的魅力，就会发现你在中年时早早就会失去魅力。你要把所有的精力用于自己人生的管理，而不是日常中的琐事，要规律、有效、有目的地做事，而不是盲目地生活。

年轻和美貌绝不是男人喜欢你的唯一资格，如果男人只看上了你的年轻和美貌，那么当你年华老去、不再美丽，男人又该喜欢你哪一点呢？必须要确定你自己有独特的内涵和性情，男人喜欢的正是你这一点，你才有资格选择更优秀的男人。

女人必须相信，真正有思想、有品位的男人，会眼光独到地看到你的丰富内在，也许最初他只是被你外在的美好而吸引，但是最终男人需要的却是一个有情趣、有品位的女人来相伴一生。当你的美貌逝去，他的年华老去，你们依旧能靠着丰富的内心回忆起年轻时的好时光。

不可否认，男人抛不开外在美貌的吸引，但是人到中年，丰富的内心会以另一种智慧的美让女人呈现在男人的面前，这是那些徒有虚表的女人所不具备的。

22岁以后，女人不仅要在外表上修饰自己，更要有丰富的内心世界。外表只是吸引的手段，丰富的内在才能长久地留住一个男人。

别无选择，也不要让自己一错再错

人生不会没有选择，所谓的“别无选择”，就是一个人不想面对其他的选择。所以，女人说自己别无选择，肯定带着那么几分矫情。如果你自己一直别无选择，可能你就会真的一错再错，你的命运就是一个错误连着另一个错误，一个失误连着另一个失误，你命运的天平就会渐渐地倾斜到坏运气的一方。

22岁以后，不要再轻易地相信命运，不要轻易相信“别无选择”。命运不是一连串的误会，而是多次选择的结果。就算命运捉弄了你，你还有扳回一局的可能，如果你自己不珍惜自己，命运就会缺少许多更改的可能。年轻的女人一定要有更多的勇气改正自己的错误，不要让自己一再犯错。如果那个男人就是让你一直犯错、一直痛苦的根源，果断地离开他，会让你获得幸福。

托尔斯泰的作品《安娜·卡列尼娜》中的安娜年轻美貌，却爱上了虚伪轻浮的渥伦斯基。如果她早一些看清渥伦斯基自私刻薄的真面目，就不至于葬身铁轨之下。安娜年轻有活力，生机勃勃，最终使得她死亡的凶手真的是他自私的丈夫和虚伪的情人吗？我却认为是她自己的激情。安娜的丈夫不相信爱情，固然是一种狭隘，而安娜自以为爱情就是一种激情，更是错误的，她应该通过儿子舍不得她的呼唤，认清真正的爱情是什么；从她在生死的边缘徘徊时，守在她身边的是她的丈夫而不是情人时，认清情人的真面目，认清爱情的真面目，而不是一错再错，最终走向毁灭。

平凡的我们更应该看清自己坚守的是一份什么样的感情，什么样的原则，什么样的人才值得我们为之坚守；而不能够不分是非地坚守一份错误的感情。我们的人生不能一错再错，要有知错就改的勇气。亡羊补牢尚且为时不晚，如果认为既然羊已经丢了，就没有必要补牢了，让剩下的羊继续丢掉，才是真正的愚蠢。人生最大的悲剧莫过于明明知道自己将走上一条飞蛾扑火的道路，还义无反顾地扑上去；最大的悲哀莫过于在前一个错误还没有修正的基础上，去犯一个更大、更愚蠢的错误。

女人的许多悲剧来源于男人，许多女人认为自己的命运是上天的捉弄，其实命运是个人的选择和拼搏，做一个什么样的女人，只有你自己能够决定；要继续错下去还是要改变自己的人生轨迹，也只有你自己能够决定。别人只不过是一个催化剂，只有你自己才能决定自己的幸福。

所以，遇到人生的巨大转折点，不要说"我别无选择"，而要慎重地做选择。如果自己错了，就要重新来过，而不能一错再错，让自己最终陷入命运的泥潭。女孩子不要做那些"一失足成千古恨"的傻事；更不能有既然错了，就将错就错、一直错到底的傻念头。

如果你意识到自己选错了人，就应该及早地离开他，而不是忍受一切，直至自己不能够忍耐，甚至轻生。事实上有很多女人很傻很幼稚，认为自己既然犯了错误，就应该得到惩罚，而不是去修正自己的错误。原因有很多，但肯定难脱一条，就是当初她不顾大家的反对，选择了错误的道路，怕走回头路，会被别人嘲笑，于是就将错就错，忍受一切。

其实，任何人曾经反对你，都是出于对你的爱。如果知道你因此而遭受的一切，大家不但不会嘲笑你，而且会帮助你修正错误。只要你有改正错误的勇气，人生就能重新来过。千万不要有“这是我自己的选择，是好是坏，我自己来承担”的念头；更不要有什么“嫁鸡随鸡”的观念，女人要学着珍惜自己，做一个能选会改的成熟女人。

再者，如果你已经离开了一个曾经伤害你的男人，无论他怎样赌咒发誓，只要你认清了他的真面目，就不要再走回头路。因为一个人的性情是不会轻易改变的，看清了这一点，你就看清了男人可能会悔恨，但永远改不掉他们的本性，如果你原谅了他，只能是又一次的伤害。成熟的女人即使在别无选择的情况下，也不会做“在一个地方摔两跤”的蠢事，而是会继续等待一个好男人的到来。

22岁以后，女人千万不要用自己年幼无知犯下的错误来惩罚自己，更不能一错再错。用一个错误来掩盖另一个错误，这是非常幼稚的，最终会为你的命运带来不幸。

看清自己身上的潜力和魅力，不要过早“清仓甩卖”

年轻的女人一定要看清自己身上的潜力和魅力，不要因为自己已经“不再年轻，年龄大了”而过早地把自己“清仓甩卖”掉。最终能够和王子生活在一起过上幸福生活的，一定是公主。

然而，年轻的我们大多是一只丑小鸭，我们需要时间来增加自身的价值，才能够最终蜕变成一只白天鹅。而如果我们在自己蜕变以前，就把自己清仓甩卖掉了，那无疑自己只能换得一只丑小鸭的价钱。

22岁以后，女人一定要认清婚姻的本质，看清自己的魅力和潜力，明白自己到底和什么样的男人相配。婚姻虽然是爱情的最终产物，但它往往脱不开世俗的权衡，离不开世俗的眼光。

年轻的女人往往有很大的上升空间，尤其在二十几岁到三十几岁这段时间，女人往往都处在上升的趋势当中，如果你判断不清自己有多大的潜力，最好不要轻易决定你的婚姻。在现代社会，婚姻虽然不再是女人的事业、女人的金饭碗，但是很多女人想要自己的生活获得一个质的飞跃，最迅速有效的方式就是结婚。婚姻在很大程度上可以决定一个女人的后半生是否幸福。一个女人前半生的幸福，是父母和自己给的，后半生的幸福和荣耀却在很大程度上是你的伴侣给的，这一点谁也无法否认。

相貌、才智差不多的两个女人，可能因为嫁得好成为某某夫人，也可能因为嫁得不好而成为黄脸婆。说“女人的幸福有一半握在男人的手中”一点儿都不为过。所以，想要有一个好命运，成为幸福的女人，除了自身的努力之外，还有就是要嫁一个好男人，然而嫁一个好男人不是那么容易的事，它需要我们本身有更好的条件和选择的目光，还要求我们清楚地知道自己的魅力值和潜力值，不要过早地把自己“清仓甩卖”了。

每一个女人都在等自己的百分之百完美的恋人，20 几岁正是站在命运的转弯处等待的年龄。于是，总有大批的女人把挑剔的眼光投向那些优秀的男人：甲喝酒抽烟，没有风度；乙不够帅气，有碍观瞻；丙事业有成，长相帅气，但是不够解风情，不会献殷勤……这些微小的缺陷成为我们淘汰一个又一个优秀男人的理由。终于错过了最佳年华，不得不找一个更为逊色的男子度过一生。

而有的女人则认为自己没有什么可炫耀的，长得姿容平凡，能力一般，总想趁着还有几年青春，找一个差不多的男人踏实地过日子，于是过早地把自己“清仓处理”了。

其实越是平凡的女人越应该晚婚，因为智慧往往会随着年龄的逝去而增长，当容貌已不再是婚姻的重点，反而更容易找到一个好男人。因为美丽的女人往往更不经老，因此越是美丽的女人就越会趁着年轻貌美的资本找一个好男人，尤其是美丽而不聪慧的女人更会如此。

总之，22岁以后，我们一定要认清自己，不要做等待爱情等得白了头的傻女人，更不要做过早“清仓甩卖”的傻事。

Chapter 11

别傻了，有些事现在不懂，会后悔一辈子

女人行走江湖，面具必不可少

女人无论是在职场上还是在事业上拼搏，都不可以随便把自己的喜怒哀乐随时挂在脸上，要学会克制自己的情绪。

女人的小心思本来就比男人要多一点，这是性别决定的，尤其是年轻的女人，在自己讨厌的人受到惩罚时，不免会露出幸灾乐祸的表情；在自己看不起的人面前，会忍不住露出轻蔑的眼光。殊不知，就是这一两个你并不在意的表情落在失意的人眼中，却是另有他意，他日则成了报复你、给你使绊的理由。即使他本人没有注意，你的一举一动，都会落在其他同事和上司的眼里，大家就会对你的品格做一个重新的评估，因为一个小小的敌视或者鄙夷的眼光，就影响了你在其他人眼中的形象，你觉得有必要吗？

20多岁的女孩子要行走江湖，就一定要把面具戴上，因为我们还年轻，不能很好地控制自己的情绪。我们难免会看不惯一些社会现象，如果我们为此激愤不已，就会为自己树立太多的敌人，最后，只能阻碍自己的发展。

要知道成人的世界需要具备完善的盔甲、盾牌和不同的面具，如果你不懂得这一点，喜怒哀乐随时表现在自己的脸上，就会吃不少的暗亏。甚至你的嫉妒和羡慕、你的软弱和善良，都会成为别人利用的工具。

女人行走江湖时戴上面具，绝对是一种现实的考虑，这绝不是别有用心的表现，而是为了更好地保护自己。如果脱离了这一点，你就真的变成了一个别有用心的女孩，那就真的不可爱了。

事实上，社会就像一场化装舞会，大家都戴着面具，区别不过在于有的人掩饰得很好，让人分不清那是他的本来面目还是他的面具；有的人则不会掩饰，虽然也会见什么人说什么话，却总让人觉得这个人假兮兮的，给人一种不能信任的感觉。

一个女孩子，要想面具戴得好，戴得不露声色，就要学会站在他人的位置上感知自己的言行，然后判断从自己的语调和表情上是否看得出自己的真诚，人情世故，规矩礼数，都要拿捏好分寸，

女人要做到无论什么事都要轻松地对待，以单纯的心态冷静地对待事情，既不被他人利用，也不轻易得罪其他人。做到这一点非常简单，原则只有一个，不要想你是什么样的人，只想你希望大家把你看成一个什么样的人，就会在恰当的时机有恰当的表现。女人做到八面玲珑、老谋深算，其实是非常失败的。最高明的人是自己世故圆滑，却让别人看起来你是值得信任、值得托付的；本人高深莫测，却让别人觉得你是一个不容欺负的老实人。如果你真正懂得了这一点，就明白自己不应该做王熙凤那样的女人，而应该做探春、薛宝钗那样的女人，学习她们的处世哲学。

22 岁以后，女人必须明白“面具”的重要性，要有一套完整的处世哲学。

该糊涂时装糊涂，该聪明时不含糊

心理成熟的女人都知道，每个人都不可能时时刻刻睁大双眼盯着周围发生的事情。我们要在该聪明的时候聪明，该糊涂的时候就睁一只眼、闭一只眼，而锱铢必较会让我们非常疲惫。

22 岁以后，女人要让自己清楚，什么时候我们应该睁大双眼，绝不退让，表现自己的聪明智慧；什么时候我们应该装糊涂，给别人一个适当的

台阶下。这就是做人的智慧，有时候糊涂一下，也是一种聪明，凡事不相让，凡事都要较劲，眼中不揉沙子，是会非常累的，为人处世如此，婚姻中也如此。

还记得2009年春晚的小品《一句话的事》吗？人们往往会因为一个小理由而撒谎，目的无非是让家庭和谐，婚姻中的相处就是这样，能够睁一只眼、闭一只眼，婚姻才能够维持得长久。人生也是一样，如果我们凡事都要睁大双眼看个清楚，凡事都要弄个明明白白，还有什么意思呢？

会装糊涂的人是有福气的，他们会在无关紧要的小事上睁一只眼、闭一只眼，给别人台阶下；也会让自己不那么斤斤计较，豁达的处世态度会给他们的生活带来无穷的乐趣，使他们的人际关系更加和谐。

想象一个活得无比聪明、无比清醒的人会在生活中得到哪些乐趣吧。例如，当你称赞月亮很美的时候，当你像一个小孩子一样讲述月亮中的嫦娥、玉兔、吴刚、醉人的酒香和桂花香的时候，他会冷不丁地冒出来："不就是一个月亮吗？"当你为一部新出炉的电影大片激情澎湃时，他会冷笑着告诉你："演戏的是疯子，看戏的是傻子。"这样的人不但自己没有生活情趣，还会把别人的热情消磨光，是令人讨厌的人之一。

可见，凡事都要显示自己的聪明，是一件多么讨人嫌的事。女人要在适当的时候显示自己的聪明，比如在工作中显示自己超人的智慧，在处世中显示自己的豁达、智慧，在做事的过程中分清轻重缓急。看清楚每个人的真面目，却不要四处宣扬，能够对事情提出恰当的意见和解决方案而不引起他人的嫉妒。让别人知道你看出了他的不轨，但是并不大肆宣扬，也不借题发挥和他争吵一番，只是提醒他："我什么都知道，你要收敛一点儿。"

这样的聪明才是智慧，尤其是在和恋人相处的时候更是如此。不要因为鸡毛蒜皮的小事而把自己变成一个爱唠叨的女人，这是得不偿失的，哪怕你是真的为他好。装装糊涂又如何呢？难道他会真的以为你是个可以随便糊弄的女人吗？男人不会这样以为，他们只会因为女人的包容体贴而对她更好、更疼爱。事实上，就算你真的有一双火眼金睛，也是看不住男人的，男人不是用来看住、管住的，而是用来爱的，是用你的爱、你的魅力来拴住的。

女人要在小事上不计较，在大事上和男人共同协商解决，既然家庭是两个人的，就不能只让一个人承担。当他需要你的智慧来为他出谋划策的时候，你就要不遗余力地帮助他。在大是大非面前，在男人一时糊涂的时候，一定要提醒他的责任、他的是非观念，不能不闻不问，更不能纵容他，必要的时候甚至要替他做出正确的决断。

这就是一个女人应该有的处世和在婚姻中的智慧。在该糊涂的时候装糊涂，该聪明的时候绝不含糊，才会让你在人情世故上更通达、更超然，心理更成熟，人生更幸福。

避开争辩，做聪明女人

与人争辩是女人做的一件最不理智的事情之一，因为一件鸡毛蒜皮的事情而争吵不休，这是女人最失败的地方。有修养的人都认为在公共场合争吵是一件很不光彩的事，就算不是在公共场所，女人也要尽量避免与别人争辩，因为争辩没有取胜的一方，即使你认为你赢得了这场争辩。

22 岁以后，女人要尽量避免与人争辩，即使是在你非常有道理的时候。要知道，一个人的观点是不可能因为几句话而改变的，只能是他自己愿意改变，才会发生转变，而不会是因为你的说服。一个人就算明明知道你说得很对，也会因为你的态度、你的口气而起反驳之心，你越有道理，越试图说服他，他就越不按照你说的去做，越坚持己见。

所以,争辩没有任何意义,只会让女人失去淑女风度。但即便如此,还是有许多女人沉醉于因一些小事或者观点不同和别人争辩的情况中,因为她们觉得在争辩中获胜,起码能够赢得旁观者的认同和尊重,其实这是最愚蠢的方法。女人有说话欲是很正常的,很多即使非常成熟的女人也会陷入和陌生人聊天的快感中。许多女人明知道做一件事是吃力不讨好的,还要去做,因为她们想以此证明自己的能力,证明自己的高明。

有些女人在争辩中可以获得成就感,获得荣耀感。很少有女人会在无人的地方和别人争吵,有两个人争吵,必定有看客,越有看客,女人越爱争辩。她们最大的乐趣就是从看客的肯定、认同中得到安慰、同情,因此,许多女人和别人争辩,还喜欢拉旁观者评理,却不知道旁观者正暗暗嘲笑她们,不管有没有道理。

女人一定要学会遏制自己的这种坏习惯,不要轻易与人起争端,更不要轻易地与人争辩。遇到事情要冷静地解决,争辩解决不了任何问题,说服不了任何人。做事情之前首先要想清楚自己的目的,为了达到目的,可以采取相应的方式,却没有必要费一些无谓的口舌,这既于事无补,又会给别人留下轻浮、急躁的坏印象。

女人要学会就事论事,而不要为了解决事情,引起诸多争论。更要学会自制,既然与一个说不通的人理论,如同"对牛弹琴",为什么还要不断地弹下去呢?如果下次你想争辩的时候,先想一想别人不会因为你的争辩而改变自己的观念和念头,就明白跟一个人争辩毫无意义,你也就没有任何争辩欲望了。

如果你真的有这种说不清的"争辩癖",就想一想自己的淑女形象吧,把自己即将出口的语言,先在腹中转几圈,就会失去说出来的欲望了,一场争论也会因此而避免。成熟的女人在做事之前都先思索,她们不会管不住自己的嘴巴脱口而出,更不会轻易与人争辩。

与人争辩,你输了就输了,你赢了同样也是输了,因为你输掉了自己的人格，输掉了自己的风度和气质。也许会因此输掉了一个优秀男人的青睐，他想到如此厉害的吵架能手在婚后和自己相处的情景，大多数男人都会因此却步的。

当然，那些辱及自己尊严、触及自己利益和价值观的事，还是值得争辩的，我们不能因为怕麻烦，而不澄清自己的清白、争取自己的利益。对于一个成熟女人来说，只有有足够价值的事她们才会去争辩。因此，她们也属于那种“不争则已，一争必胜”的人。道理很简单，如果你是上司或者旁观者，你会偏向那些和别人三天一小吵、五天一大吵的女人，还是偏向于平时沉默寡言、关键时刻却不惜争论的女人？

女人不要轻易地与人起争端，尤其在你日渐沉稳、日渐成熟的时候，切记，你已经不是那个毛躁的小丫头了，你已经是一个成熟女人了，应该对无谓的争端表示出你的不屑，应该有更成熟的处理事情的方式。

女人直性子，往往吃大亏

许多年轻女人都是不管三七二十一的直性子，她们不管后果如何，总是很直接、很率性地说出自己所想的一切。这真的让职场上那些习惯了迂回与含蓄的白领们很不适应。

究其原因，大概是从小养成的脾气，在很小的时候，我们就被当作小太阳似的宠着，只要我们有要求，父母就会无条件地最大限度地满足我们；而在学校时，我们也可以有话直说。那时候做事，率性是我们的优势，我们可以不必瞻前顾后，不必察言观色。

可是现在，你已经22岁了，已经步入职场了，在职场中，你只是一个微不足道的小角色，只是一个新手，是一个办公室中最没有地位的人，你有什么资格率性行事？你有什么资格让别人看你的脸色行事？

一个女人想要在办公室生存得更好，就要学会克制自己的脾气。女人往往更不容易克制自己的脾气，因为女人大多感情丰富、细腻，但是缺乏理性，更容易激动，往往激动起来就不顾一切了，做不到像男人一样权衡利弊之后再开口，做不到就事论事或者用一种更可行的方式去推进事情的发展。女人更容易据理力争、率性行事，脾气一上来就不管三七二十一了。

女人遇事不要太激动，要学会克制自己的情绪。成熟的女人应该知道，你要学会做你应该做的事情，而不是你喜欢做的事情，不要任性而为，这会让你的前途更光明，更有作为。如果总是随心所欲、不知收敛，只会让你的职场道路更加坎坷，结果就是不断地跳槽，在同样性质的工作之间换来换去，而没有上升的空间。

在生活中，女人不知迂回含蓄、凡事直来直往的性格，会让男人感觉到厌倦。男人更喜欢女人温柔细腻的一面，而不喜欢任性的行为，更不喜欢胡搅蛮缠的女人。所以，女人做事要有目的性，要学会根据不同的目的采取不同的方式，不能总是横冲直撞、率性而为。

要知道，不管三七二十一的横冲直撞是于事无补的，不能帮你解决任何事情，只有有目的性、讲究策略地做事，才可能对事情有益。就算你是一个管理者或老板，也不可能随心所欲地做事，何况你是一个被管理者。当然，在一个单位不顺心你可以选择离开，但无论在什么单位，你都不可能顺着自己的小性子做事。

“忍一时风平浪静，退一步海阔天空。”女人一定要学会忍耐，学会迂回，不要脾气一上来就不管三七二十一，横冲直撞，率性而为。这是非常幼稚的小女人的行为，成熟、大气的女人不会这样做，她们会为了达到目的，利用一切灵活、有效手段，却不会率性地做事。22 岁以后，女人就要慢慢地向成熟女人学习，不要总是随心所欲地做事。

慎重选择，人生没有回头路

人生就是不断选择的过程，“选择”很多时候就意味着放弃，想要得到一个，就必须放弃另一个，人生是没有回头路的。所以，站在人生的岔路口，我们唯一能做的就是慎重选择，选择一条不一定最好走、却最适合自己的道路。

22岁以后，我们有很多时候都处在人生的岔路口。比如是进入这家公司，还是选择另一家？是留在这个部门等待升职，还是进入一个崭新的部门？是做一个白领丽人，还是做一个女强人，甚至是家庭主妇？是要家庭还是要事业？是要抓紧眼前的男人还是再等等看？这些都是需要我们考虑、选择的问题。

人生没有回头路，我们选择了一条道路，也就意味着放弃了另一条道路。“舍得，舍得，有舍才有得”，你到底想得到什么，又能够舍去什么？“鱼与熊掌不可兼得”，女人必须学会慎重选择，才可能有更幸福的生活。正像一个篮球不可能同时投进两个篮筐，你也不可能好处占尽。事实上，当你选择了一条道路时，另一条道路就在你眼前彻底消失了。人生不可能后悔，所以，无论你做了什么样的选择，都必须为自己负责，站在人生的岔路口，女人一定要慎之又慎，不能听天由命，更不能鲁莽行事。

“好的命运是选出来的，坏的命运也同样是。”我曾经听说过一个非常好笑的事情，一个女孩想把自己嫁掉，可是她身边有好几个优秀的男人，她不知道选谁好，于是用抽签的方式决定应该由谁做自己的伴侣。你是不是觉得很好笑？可是每天有许多人都在做同样可笑的事情。比如，随机地走入一个陌生的商店，买一些自己用不到的东西；在遇到问题的时候，让时间来决定一切，选择一切；从不考虑某个选择是否适合自己；不从人生的大局去考虑，只看到眼前的利益，等等，这些不都等于蒙着自己的眼睛让上帝来决定命运的好坏吗？上帝不是全能的，即使他是全能的，你能够保证他给你安排的是好的命运吗？

许多女人叹息自己命不好，其实你应该埋怨自己，而不是别人，因为这是你自己的选择。一个成熟的女人，会谨慎地对待自己的选择，会做最理智的决定，于是她最终的命运就是好的。而仅仅凭感性、直觉，或者任事情的发展来决定你的命运，你觉得会有好的结果吗？

对于女人来说，22岁以后，有很多可以改变自己命运的转折点。婚姻就是其中的一项，很多人认为婚姻要讲究缘分，其实不然，想要找一个好的人生伴侣，仅仅靠缘分是不够的。好的婚姻也需要靠自己来争取。

你认为异性之间的好感是突如其来的吗？事实上只有少数人的爱情是一见钟情，大多数还是要靠日久生情的。婚姻就更是如此，选择一个不但一事无成，而且悲观消沉的男人做你的伴侣，就如同飞蛾扑火一样，最终的下场必定会很悲惨。一个悲观的男人必定会把你们的命运带向悲惨；而一个积极乐观的男人必定会把你带向快乐的殿堂，无论他是否事业有成，你们的生活都会是快乐的。

女人要学会让自己清醒起来，这样选择才有标准，而不是以直觉为标准，最终落得“得之我幸，不得我命”的叹息，我们一定要选择更好的、更适合自己的。为了在日后能够更好地选择自己的人生命运，从现在起，我们就要锻炼自己慎重、理智选择的能力。

比如，从选择一件日用品开始，这是你需要的还是你想要的？是你一时兴起还是经过了谨慎的思考？是凭直觉还是凭经验觉得这个牌子好？你证实过它的好坏吗？这些都是你要考虑的问题，如果你做到了一件小事都经过了周密的考虑，那么，你就学会了慎重选择，因为慎重选择已经成为你的习惯、你的直接反应、你生命中的一部分。

22岁以后，我们一定要学会慎重选择，因为人生没有回头路，如果你选错了，现在更改还来得及；如果你一直错下去，你的命运就会越来越糟。

不要为了面子充当“全能女人”

女人常常因为虚荣心作祟，为了面子而做“全能女人”，这是极其幼稚的，要知道事情并不是你吹嘘能做到，你就真的能做到；也不是说你做到了，大家就真的高看你一眼。充当“全能女人”的后果，就是大家有什么事都来拜托你，搞得你自己一身疲惫，只得到一声“谢谢”；而且因为总是帮助别人，耽误了自己的本职工作，升职加薪离你远去，你就真的能得到感激、得到尊重吗？不！

通常喜欢充当“全能女人”的人，总会自告奋勇地帮助别人解决麻烦，而不是在最后关键时刻、关键事情上帮到别人，所以并不会得到更多感激。而别人认为你帮忙是应该的，相反如果你帮不到别人，就会落得埋怨。还记得郭冬临表演的小品《有事您说话》吗？为了赢得大家的尊重，他总是积极地帮助别人解决困难，吹嘘自己这个部门有人，那个部门有关系，甚至为了帮别人买火车票排了几天几夜的队。就为了赢得别人羡慕、崇拜的眼光，赢得别人的几把“牙刷”吗？

想必当初在看这个小品的时候，我们都觉得非常可笑，但是我们也常常会做这样的傻事，原因很简单，就是我们希望从帮助别人那里得到别人的尊重。通常只有缺乏自信的女人才通过充当“全能女人”提高自己在别人心目中的地位；有足够自信的女人是不会做这样的傻事的，她们会通过在工作中表现自己的能力赢得别人的尊重，赢得面子。

不自信的女人喜欢帮别人做事，喜欢自我吹嘘，平时你交给她一件事，甚至是比较难的事，她也的确能够做得很好，因为她肯为此下功夫，或者去请教别人，所以别人真的会在心目中对她的定位很高。但是一旦发生突发事件或者“全能女人”的确解决不了的事情，别人对她的印象就会变差。因为平时事事难不倒的“全能女人”突然变得“无能”了，大家难免有心理落差，对你的印象也就会变差，认为你是个喜欢吹嘘的女人，领导也会对你不再信任。

因此，就算你的能力真的很好，你在各方面也真的是“全才”，也不必全部展露在同事面前，以免有一天“后继无力”时，成为大家嘲笑的对象。对于大家都行的事，给别人留一些表现的机会吧。对于大家真的解决不了的事，你再不妨“试试看”，这样才能够提高你在大家心目中的地位。要知道，一个好的领导绝对不会只顾自己建功立业，抢别人立功的机会，让大家仰视你；而是帮助大家建立自己的功业，让大家尊重你。真正的尊重也不是以显示自己的高明换来的，而是自尊和尊重别人的结果。

还有的女人喜欢不懂装懂，冒充“全能”，对于自己明明不擅长的事，也非要“死要面子活受罪”硬装擅长，结果在再也无法伪装下去的时候受到别人的白眼。要知道，没有一个人是全才，承认自己在某方面不擅长，绝不会有损你的威名和面子，相反还会赢得别人的尊重。有“自知之明”要比“不懂装懂”“滥竽充数”更受欢迎。

对于女人来说，面子意味着什么？它往往是虚荣的代言者。在虚荣心强的女人眼中，如果这个世界上还有自己解决不了的事，对于自己来说，就是一种耻辱。她们往往会为了自己所谓的“面子”付出多大的代价都在所不惜，搞得自己身心俱疲。这是由她们的自尊心决定的，想一想何必呢？这个世界上本来就有很多事是无法解决的，就算是再有智慧的人都有解决不了的问题，你又何苦耿耿于怀，为了一件事付出偌大的代价呢？当你更加成熟以后，你就会知道，这个世界上没有谁是无所不能的，大家都有自己的局限，解决不了事情是很常见的事，你根本不用因此自责，因此觉得丢脸。不会并不丢脸，不会装会才丢脸。孔子那么伟大的圣人还要向老子请教世事，我们不懂、无知，又有什么好奇怪的？

22 岁以后，女人一定要从内心摒除充当“全能女人”的想法，因为任何人都不是全能的，不管他多聪明，多有智慧。充当“全能女人”只会显示你的虚伪和幼稚，显示你的不自信和自欺欺人，最后让你彻底丢脸。

Part 4

善于交际，做受欢迎的女人

22 岁以后，女人要学会更成熟地和别人进行交往，无论是在社交场合还是职场，都应该保持自己的风度和气质，用自己的智慧赢得人们的尊重，赢得更多的朋友。

22 岁以后，交际是智慧的比拼，女人只有破除心理障碍，才能在社交中变得更加成熟，更加美丽。也只有成熟、有魅力、热爱社交的女性才能得到更大的成功。女人被称为天生的社交家，细腻、敏感、善解人意的心理特质，使女性在沟通过程中容易制造亲和，但是她们敏感多疑的特性也常常会为自己招来更多的敌意。一个言行粗鲁的男人可能得到原谅，而一个偶尔言行不注意的女人就会遭到别人的指责，女人似乎有更多的理由要搞好社交。女人在和别人交往的过程中一定要注意一些人情世故，否则就会陷入四面楚歌的不幸境地。

用你的智慧去解决交往中的难题吧，偶尔借鉴一下前辈的经验也会有不错的效果。

Chapter 12

褪去青涩，平添几分事态心

扫除社交失败的心理障碍

良好的社会关系对于女人事业的助益想必不需要重复强调，大家都知道。每个人都有社交的需要，这和吃饭穿衣一样平常，但是却有很多女人不能和别人进行良好的沟通，这是很严重的问题。有些女人在社交场合表现不出自己应有的水平和自在；而另一些女人在社交中却如鱼得水，做得非常好，其中最重要的原因恐怕还是心理因素。只要我们通过锻炼，扫除社交失败的心理障碍，也许就能在人际交往中更加轻松自如，也就能拥有更多的朋友。

22岁以后，女人要和别人进行成熟的交往，逐渐褪去自己身上生涩稚嫩的孩子气，变成一个成熟、善言谈、善交际的女人。

心理学家指出："每个人都有交往的需要，但是否达成良好的沟通，关键在于你能否在接触的过程中，让对方产生与你交往的想法，而做到这一点，则有沟通技巧的问题。它直接影响彼此能否建立稳定的社交关系。"如果一个人因为情绪的原因，产生在社交场合不敢交往、不愿交往、不能交往的状况，问题就很严重了。心理上的不愿意会让你丧失与人交流沟通的能力，严重者还可能导致自闭，因此必须扫除社交失败的心理障碍，这不仅是为你的社交着想，更重要的是让你的精神生活更加健康和正常。

女人惧怕社交，通常就是在交往过程中不能更好地掌握火候，不能成为众人的焦点。原因也比较简单，主要是性格决定的，另外也许因为一个人太想成功交际了，反而产生了紧张情绪，最终反而影响了正常的交往。只要我们弄明白自己社交失败的性格原因或者是心理原因，就能够很容易地克服它。女人常常因为以下几个心理因素而导致社交失败。

第一，由于有严重的自卑心理，所以在与比自己优秀的人交往时产生障碍。一般表现有两种方式，一种是孤芳自赏，自命清高，不愿与人交往；另一种是有自卑的感觉，不愿意与人接触，总是被动地等待别人的邀请，从不肯主动表现自己、认识别人以及结交朋友。这种女人通常缺乏自信，总认为自己什么都不行，缺乏交往的信心和勇气。

第二，害羞内向的性格。内向的女人总是给自己的一言一行都束缚一定的条条框框，过度地约束自己，致使无法充分地表达自己的感情和想法，使整个人看起来感觉木讷、沉闷，过于规矩却没有个性，阻碍了人际关系的发展。这种女人交往的范围很窄，就是一些同事和同学，很少愿意和陌生人交谈和交往，也很少能够有知心朋友，最亲近的人一般就是亲人、从小一起长大的朋友等。人际关系也许比较和谐，但是交往面却比较窄，尤其在公众场合会更加沉默甚至手足无措。

第三，自我封闭的心理。有的女人会和别人保持严格的距离，游离在人群之外，尤其在面对异性时，这种趋向更为严重。她们常常把自己的真实思想、真实感情掩藏起来，也许在表面上人际关系很好，但事实上，只把人脉作为一种工具，没有知心朋友，也不会和别人谈太深的问题。这种人表面看来彬彬有礼，却拒人于千里之外，对人冷漠，这种人在社交场合也不会受欢迎。

第四，孤僻的性格。这样的女人通常性格乖张怪癖，让人不能接受，常常孤芳自赏，甚至盛气凌人，对任何人都存鄙视的态度，使人感觉她不好亲近，不愿意亲近她。长此以往就养成了孤僻的性格，而她本人不认为这是心理缺陷，反而以此为荣，产生一种“凤凰不与麻雀为伍”的想法。

事实上，每个人都可能因为各种原因而发生一些社交上的困难，不适应是难免的、正常的，尤其对于年轻女人来说，由于缺乏经验而破坏了自己在交往中的形象在所难免。然而，人际关系严重失调或者经常失调的人，往往存在着个性缺陷或者认知错误。女人必须找出自己的症结所在并对症下药，才能成功地进行社交。

22岁以后，女人一定要通过自己的心理调适，扫除社交失败的心理障碍。这样才能够在交往中做到游刃有余、进退自如，也才能在心理上变得更成熟。

高情商的女人更受人欢迎

在美国流行一句话："智商(IQ)决定录用，情商(EQ)决定提升。"对于成功，智商很重要，但情商更重要。尤其在社会交往中更是如此，情商高的女人更受欢迎。

在生活中，你常常看到有些女人并不具备可以称道的背景，专业技能也算不上出类拔萃，但她们所取得的成就，却是一些基础条件优越的人所不能企及的。还有很多女人，尽管她们长得不漂亮，你不认为她们有多大魅力，但是她们总能通过自己亲切柔和的态度引起人们的共鸣，成为她的朋友，这就是情商的奇妙之处。丹尼尔·戈尔曼在其畅销书《情商》中指出，一些复杂的思考、沟通和社交技能对于生活中取得的成果，常常比传统的智商和职业技能更重要。高情商的女人在任何场合都能受到欢迎，也最容易成功。

现在就让我们揭开情商的面纱，通过一定程度的有意识的训练，让自己变成一个高情商的女人，变成一个受欢迎的女人吧。

情商是个体的重要生存能力，是一种发掘情感潜能、运用情感能力、影响生活各个方面和未来人生的关键因素。也就是说，高情商的人能够对自己和他人的情绪做出正确的评估，能够正确处理个人感情和别人感情之间的关系。它的表现有两种形式，一种是良好的自我管理，一种是调节人际关系。以下内容主要分析如何提高自己，处理和调节人际关系的情商。

情商高的女人之所以更受欢迎，在于她对自己和他人的情绪能做出准确的判断，在此基础上见机行事，调整自己的言行；而情商低的女人则因无法认知自己和他人的情绪，容易陷入心灵的困境中不能自拔，在现实生活中处处碰壁。所以，想要做到在交际中受欢迎，就要做到以下几点：

第一，充分认识、表现和控制自己的情绪。有的女人非常希望和别人交往，但表面上却表现得无动于衷，甚至孤僻，没有人愿意和一个处处被动的女人交往。如果你希望和别人建立良好的人际关系，起码应该有鼓励性或者试探性的语言或者眼神。其实交际并不像你想的那么困难，并不用特意融入一个“圈子”才能够被别人接受。一个亲切的微笑，一个友好的眼神，一句轻轻的解除他人尴尬的话，一个认真倾听的神态，就可以让你很好地融入一群人当中。对于有好感的异性，更不用特意邀请，只要你用鼓励的眼神注视他。如果对方没有回应，你完全可以避免尴尬；如果对方回应热烈，你就不妨继续用眼神鼓励他，等待他的邀请。

第二，控制自己的情绪，没有哪个人喜欢和不能控制自己情绪和女人交往。如果大家都交谈愉快，她却有点意兴阑珊，就不免让有兴致的人也感觉扫兴；如果她受到了一点攻击或者嘲讽就当众发怒，或者表现出歇斯底里的状态来，那是更加可怕的。对于这样的人，恐怕大家都要小心翼翼，尽量避免和她们交往或接触。

第三，认识别人的情绪，在此基础上见机行事。这并不是要求我们一味地看别人的脸色说话，而是要我们充分地理解他人，尊重他人。谁都有不小心说错话的时候，谁都有兴致上来而忘记他人感受的时候，谁都有不小心引起了其他人不快、尴尬的时候。这时候，既不能道歉，也不能不管不顾，放任自流，解决方式就是用自己的智慧或幽默把这种情况扭转过来，让别人忽视这一段交谈。在谈话的时候不要只顾及自己，注意每个人的反应，在别人引起他人不快的时候或者两人针锋相对时，能够帮助岔开话题，或者减淡互相针对的情绪。保全他人的面子，赢得他人的感激，这会让一个女人更受欢迎。

第四，用自己的情绪有效地去影响和感染周围人。大度乐观的女人，常常受到别人的欢迎，这是因为她能用自己的宽容去理解别人，能用自己的乐观去感染别人，让她周围的每个人都能感到快乐。每天开开心心的女人，谁见了都会喜欢。与脸上带着笑容的女人交流自己也会变得愉快，这种乐观的态度不自觉地就会感染到身边的人，大家不由自主地就会想和她接近。笑容可掬的女人更容易被人接受，也更容易受大家欢迎，她的人际关也会非常好。

22 岁以后，女人必须向周围受欢迎的同事或朋友学习讨教，不断地提高自己的情商，才能在与他人的交往中做一个受人欢迎的女人。

女人的赞美具有神奇的力量

22 岁以后，女人在与人交往的过程中，不妨用自己的甜言蜜语和赞美来加强和别人的沟通和交流，这样才能够让你的人际关系更加和谐融洽，让你的社交更加顺利。在人际交往中，嘴巴甜的女人更招人喜欢。

甜言蜜语不只是情侣之间的特权，当然，对于不熟悉的人不宜说甜言蜜语，与同性间可以说一些甜言蜜语获得她们的好感。甜言蜜语不仅仅是表示对别人的感情那么简单，交际中的甜言蜜语大多数与赞美有一定关系，喜欢赞美别人的女人，总是让人感觉她乖巧、懂事，更容易被同性和异性喜欢。

每个人都需要别人的认同，越是普通平凡的人，这样的需求就会越强烈。渴望得到赞美和认同是人性中根深蒂固的本性，女人想要说甜言蜜语不妨从赞美做起。

有的女人对赞美别人的行径不屑一顾，这样的女人要放平心态，赞美别人并不虚伪，这只是一种交际手段。而且，诚心诚意地赞美一个人是一种交际的艺术，这种赞美具有神奇的力量，能够拉近两个陌生人之间的距离，能够鼓励和安慰一个人，能为你带来更好的人缘，何乐而不为呢？

对于女人来说，通常很难给同性以正面的评价，大概有一点儿“嫉妒”心理或者“同性相斥”的心理，总之是很难合得来。无论表面上多么亲密的两个女性朋友，在暗地里也有暗暗较量或者攀比之心，这是人之常情。正是因为这样，女人更希望得到同性心悦诚服的赞美，尤其是对于自己容貌或者吸引力方面的。女人想要和同性处好关系，就要利用好这一点，诚心诚意地去赞美一个女人。

当然，女人的性格特征与男人截然不同，她们虽然渴望得到更多的关怀和爱护，渴望被聆听和被赞美，但是大多数女人感情丰富、敏感、细腻且脆弱，所以，如果你的赞美言过其实或者不衷心、不真诚，则会引起她的反感，而千篇一律的赞美更是令她有厌烦的感觉。一旦有这种感觉，你就要花费更多的精力来获得她的好感了。其实赞美女人很简单，尤其在社交场合，围绕她的服饰打扮展开赞美就不会出错，但是千篇一律的“你今天真漂亮”则会令人感觉枯燥，这里有个小窍门，如果注意到，你就能更好地赞美一个女人。就是注意这个女人的肢体动作，一个女人如果对自己某部分特别满意，希望引起人们的注意时，她就会下意识地用手去接触那个地方。比如，她对今天穿的礼服特别满意，就会不自觉地拉起裙摆，虽然动作也许不明显，但肯定很频繁；如果她觉得自己的头发很漂亮，就会多次用手去撩头发；如果她戴了漂亮的手镯或者手表，就会有更多的抬腕动作；她对自己的耳饰特别满意，则会不断地抬手抚摸自己的耳垂。只要你观察到这个动作，再有针对性地对她的这一部分进行赞美，就会收到意想不到的效果。赞美不但会拉近你们之间的距离，有时还会打开她的话匣子，感觉两个人特别投契，说不定就此结缘，成为很好的朋友。

其次是对异性进行赞美，这更要讲究一定的技巧，既不要让男人想入非非，产生不必要的误会，又不能过于生硬地恭维别人。最好的方式就是“听某某说您非常优秀……”然后对他的功绩进行一番赞美。男人喜欢吹嘘，尤其在美丽的女人面前，所以，就算你的溢美之词加了一点水分，也不会被他看作虚伪、阿谀奉承。但一定要夸到他真正的优点，有人说：“赞美是发现别人的优点，恭维是发明别人的优点。”如果你针对他没有的特性进行赞美，就算男人想听奉承话，也会对你的这种方式觉得厌恶。所以，事前一定的熟悉程度是必要的，无论是从别人嘴里说出来的，还是自己观察到的，除非你赞美的是“你真帅”这类肤浅的话。

对于自己有好感、希望进一步发展的异性，赞美则要更加微妙，既不能过于露骨，也不能流于泛泛，而是要别出心裁。当年我的一位女友去和一位成功男士吃那种相亲宴，宴后，男人热情地邀她跳舞。那位女友在幽幽的乐声中对她欣赏的男人说：“我听别人说你成功的时候，还以为会看到一个城府深不可测的中年人，没想到你这么年轻，这么有朝气，这么健壮。”她把最后两个字的声音放得很低很低，然后羞涩地低下了头，她感到男人搂她腰的手紧了紧，不久，这位成功男士就被我的那位女友俘获了。许多人称赞他的成功，但绝没有人称赞过他一个男人最本质、最渴望被异性赞美的东西。

这就是赞美的神奇之处，它不但能够使别人感觉愉悦，还会使自己更加乐观，使自己的人缘更好、人际关系更和谐。22岁以后，女人一定要学会赞美别人的技巧，一定要经常赞美别人。

女人的亲和力是社交中的春风

成熟练达的女人应该是那种让人感觉很亲切的女人，而不是一味强势的女强人。亲和力是女人与生俱来的一种优势，在交往中，亲切的女人更有魅力，往往比漂亮的女人更受欢迎，无论男人还是女人都会很喜欢她。在人际交往中，具有亲和力的女人不俗不媚、宽容随和、通情达理，无论何时何地都是广受欢迎的。

22岁以后，女人要逐渐培养这种素质，学会这种大气优雅的气质。让甜美的微笑和亲切温和的语言永远留在我们身边，帮我们聚拢朋友，赢得人缘。越是地位高的女人，越应该表现出自己亲切和蔼的一面。要知道，亲和力是漂亮、性感、魅力这些东西无法相比的。漂亮的女人招人嫉妒，强势的女人让人畏惧，善良的女人受人欺负，愚笨的女人遭人冷嘲热讽，有亲和力的女人却总是把微笑挂在脸上，永远不说别人的坏话，永远不发脾气，永远让人感觉她很亲和。

有的女人虽然知道这些，也努力地想让自己有更亲切的态度，却不知从何做起，不知怎样才能让自己更有亲和力。这就要从亲和力的本质说起，亲和力本质上是一种爱的情感，只有发自肺腑地爱别人，才能真正地亲近对方，关心对方，才能获得对方的认同、信任和喜欢。有时候，亲和力就是放低自己的姿态，平等地与别人沟通交流，就是一种心与心的平等和互惠。拥有更宽广的胸怀，才能拥有更高的亲和力。

亲和力能不能培养呢？可以说，不到一定的年龄就领悟不到亲和力的真谛，没有宽广的胸怀，即使勉强自己做出一副亲切的样子，也只会让人感觉虚伪。所以，小心眼的女人不要勉强自己修炼这种功夫；本质上自私刻薄，甚至脾气不好、强势的女人，也没有必要强迫自己表现得多么亲切。天性上不具备这样的品格或性格，就没有必要勉强自己，但有一些女人确实可以培养自己的亲和力的，这也是有必要的。

脾气温和的女人，也应该在语言、行为方面加以修饰，使自己更加随和亲切。那么，要如何培养一个人的亲和力呢？

首先是态度，在与人交谈的过程中，没有什么比充满亲和力的态度更重要了。许多女人因为身份或者地位的改变，慢慢地就用傲慢骄横的态度对待别人，甚至和原本很要好的朋友渐渐地冷淡了，她们以为这是权威的需要。其实，这样颐指气使，总是拒人于千里之外，只能让别人对你敬而远之，最终失去很多朋友和支持者。还有一种态度是不可取的，就是表面上看来温和有礼，实际上总给别人一定的距离感，让人不敢靠得太近。这在亲和力方面会大打折扣，会失去女人的魅力。

其次是表情和姿态。喜欢抱胸的女人总给别人一些距离感，想要拉近两个人的距离，表现你的亲和力，就要用开放的姿态。比如身体微微前倾，头微微侧向一旁，表示你对谈话有兴趣，正在集中精神听；在关键的时候点头微笑，注视别人的身体，这些都是一种有亲和力的表现。微笑是最好的表达亲和力的表情，在与人谈话时总是用友善的口气，脸上也总是保持着微笑，这样能有效消除人与人之间的隔膜，拉近彼此之间的距离。

最后是语言，这也是最重要的亲切因素。温和的语言表现为：说话语气亲切，语调柔和，语言含蓄，措辞委婉，说理自然。这样易于使对方感到亲切、愉悦。温和地说话可以表现女性的阴柔之美，尤其是在抒发情感时，温和地说话具有一种迷人的魅力。话题可以涉及一些家常话，既不深奥难懂，也不让人觉得高高在上。最平常的话，却蕴含着最深刻的哲理，让人体验到不一样的感觉，会让人收获很多经验，产生“与君一席话，胜读十年书”的感慨。

22 岁以后，女人在社交中要尽量表现自己亲切和蔼的魅力，增强自己的亲和力，才能够在社会交往中更加游刃有余、如鱼得水。

交往中不做“显微镜女人”

在女人的交际中，应该尽量做到“严于律己，宽以待人”，对自己的形象管理要严格，对别人的要求却要相对宽容一些。不要总是挑剔别人的缺点，嘲笑别人，表现出女人的大度和宽容，才能够得到更多的朋友。在交往中不要做“显微镜女人”，尽量做“近视镜女人”，对别人的缺陷能够视而不见也是一种特别的魅力。

22岁以后，女人要以得体的态度和人交往，但是对别人不得体的举止要尽量包容，甚至视而不见、听而不闻，不要总是抓着别人的缺陷不放，总是盯着别人身上的那些小污点。

女人的性格中本来就比较敏感、细腻，如果这种细腻表现在对别人的关怀和感情的表达上，则是非常有魅力的；如果表现在对别人的苛求上，却是非常讨厌的一种行为。每个人身上都有一些小缺点，如果无限放大，你就会发现和谁交往都不自在，总是不自觉地去感受别人的缺陷，自己也会变得消极悲观。苛求别人完美对每个人都是不公平的，也是残忍的，就算是最善于交际的女人，也难免有一点儿小缺陷，不能为了这一点儿缺陷，而否定她整个人，否则你就会因为过度挑剔而缺少朋友。

“海纳百川，有容乃大”，女人必须要学会接纳别人，接纳别人的优点和缺点，不要因为思想、性格的差异，而把别人拒绝于你的朋友圈之外。有的女人因为第一次看到别人就觉得不顺眼，就会拒绝和她交朋友，即使别人主动示好，也会无动于衷。原因不过在于，也许她衣服穿得太过于暴露了，你觉得有失体面；她的性格太张扬了，你不喜欢；她的脾气太暴躁，不是你欣赏的类型；她太敏感太自卑了，甚至太笨了，你不想和她交往。

确实，悲观消极的朋友对你的人生没有好处，但是，在社交场合，却不妨给别人一点儿面子。宽容真诚地与他交往一番，不必推心置腹，却必须谦恭有礼。世界上有一千个姓，就有一千种性格，如果你只和自己脾性相投的人交往，就会少很多朋友。对待朋友也应该求同存异，不能一味地挑剔别人和你不同的地方，和而不同才是正确的交友方式。

还有的女人对别人的观察细致入微，并且喜欢不遗余力地指出别人的失礼之处，弄得大家都非常尴尬，非常不愉快。在社交的礼节礼仪上，我们自己应当遵守，却不要苛求别人。别人的失礼之处，自有大家来评价，却不容你置喙，责人不如帮人，倘若对别人的错处一味挑剔、呵责，只能令人更加反感，而且可能激起其逆反心理一错再错。给别人留面子，对大家都有好处，甚至在几个人的讨论、争辩陷入僵局的时候，女人也应当想办法阻止，而不是任由事态发展，更不能加入战团煽风点火。一个善于交往的女人，就是要做到对别人的缺陷、错误视而不见，对和自己有分歧的人要宽容、尊重、理解。这样才能使交往的氛围其乐融融，才能使你的人际关系更加和谐。

有些女人往往因为自己的敏感多疑，而导致和别人不能够很好地相处。敏感的女人往往多疑，不能轻松、自然地与人交往，久而久之不但影响了自己的心情，也会影响到人际关系。大概是因为这些女人本身比较自卑，安全感不强，对自己“值得被爱、被尊重、被接纳、被信任”的信心较弱，所以才总是怀疑别人的言谈举止是话中有话，是针对自己而来，就算是称赞也会被误解为讽刺。这样的女人要试着增加自己的自信，试着让自己的情绪感觉迟钝一些，只有你自己乐观了，别人才更容易接纳你，不要让自己总是怀疑别人，最终导致社交失败。

总之，在社交中，女人要尽量用自己的胸怀来接纳、宽容别人。每个人都有自己的思维方式以及工作、学习、生活习惯，既有其长处，也有其短处。女人不要总是盯着别人的短处不放，而要学会发现别人的长处，用理解、同情和爱心去与人交往，才能够赢得更多的朋友，更多的尊重。22 岁以后，女人一定要在社交中成熟起来，不要做处处细致入微的“显微镜女人”，更不要对别人的缺陷进行嘲笑，那是不成熟的表现。

Chapter 13

女人用点智慧手段，职场之中执掌乾坤

职场之上会做人，关键之时会做事

22岁以后，女人要懂一些职场生存技巧，才能在职场中更好地生存下去，才能在职场生活中左右逢源，才能更快地升职加薪。那么，20多岁的女人要如何对待自己的上司、下属、同事、竞争对手，才能明哲保身，甚至借机活得风生水起呢？这是需要一定技巧的，只有掌握以下这些技巧，才能更好地和别人相处，做好人，才能做好事。

第一，不要做曲高和寡的“君子”。职场中最忌讳的就是那一句“燕雀安知鸿鹄之志？”就算你的志向是坐上董事长的位置，也不要向别人表达出来。做一个“流俗”的女人，才能够让你在职场中更加快乐、更加顺利。每个人都是天生的群居动物，渴望和大家一起说说笑笑，渴望和大家一起共同完成一件事，是每个女人的希望。人与人之间的交往，就是相互妥协、相互迁就的过程，所以不要总是表现出一副特立独行的样子，一副傲慢、不屑与别人为伍的样子。这样的女人会招来最多的嫉妒和对手，平易近人的女人更受欢迎。

第二，善用韬光养晦之术掩人耳目。尤其在复杂的形式和人事中，要善于隐藏锋芒，养精蓄锐，等待时机，使对手放松警惕，最终“一鸣惊人”。当你还不具备实力时，请把你过剩的才华藏起来！女人何不利用自己的性别优势，向别人“示弱”呢？既能为自己的成功争取一些时间，又能避免一些无谓的争执。

第三，不要做个“大嘴婆”。说话要小心，既不要乱讲别人的私事，也不要暴露自己的隐私。看到是非的时候，更要三缄其口，不到关键时刻绝不乱发言。办公室就是一个微型的社会，你可以不聪明，但不可以不小心。不聪明的人，最多笨拙一些，事情做得差一些，在职场上，这不是很大的罪过。但是，不小心就随时会触犯到别人的利益，犯下得罪人这个职场大忌。管住嘴巴，少议论同事，能说人好话时就别说坏话。

再者，不要以为你私下说的话老板就听不到。老板能知道一切，只要你不是一个人自言自语，就得担心谈话对象会把话传出去。经验告诉我们，每一句对公司的议论，最后都会传到老板耳朵里。所以你和任何人说话时，都要好好想想，该说什么，不该说什么。不该说的绝对不能说，可说可不说的也要闭嘴。前辈教我们的讲话秘诀就是："没把握的话，谨慎地说；伤害人的话，不能说；别人的事，能不说就不说。"

第四，生人勿近，熟人勿扰。对待那些职场新手要加强戒备，不要"自来熟"；对待那些熟悉的人也要保持一定的距离，不要让人情扰乱了你的工作秩序引起人际纠纷。职场上没有不变的对手，也没有不变的朋友，大家都是因为追求利益而在同一个办公室中的，有了利益冲突，就难免伤及感情，越是亲密的人就会伤得越深。保持一定的距离反而会使自己没有顾忌地加入竞争。

第五，网开一面，息事宁人。人非圣贤，孰能无过？用宽大的态度对待犯错误的人，给他一条出路，这样会减少很多麻烦，也会对你的人际关系起到很好的作用。反而，那些得理不饶人的女人更容易得罪人。宽容别人，你就多了一个朋友，给别人留一条路，就给自己打开了一扇方便之门。凡事要善于大事化小小事化无，不要把简单的事变复杂，那只能是自找麻烦。

第六，一定要有缺点。职场上最聪明的人不是那些事事都滴水不漏的人，恰恰是那些有缺点的人。在职场，一定要有缺点，一个完美而毫无缺点的人，会遭人嫉恨，会被人敬而远之。所以，聪明人会故意暴露一些缺点，尤其是无关痛痒的缺点，让上司以为他能拿捏住你，那才是最安全的境地。但缺点绝不可以致命，不能是你真正的短处。"有缺点，没把柄"才是职场做人做事的最高境界。

22岁以后，在复杂的职场上，女人必须懂得这些做人做事的技巧，才能在职场上越走越顺，否则换得了工作环境，换不了人情世故，就算你再努力，也只能是个"做事做得好，干活干到老"的老实人。会做人，才能有机会成功。

女人要有智慧，成为职场上的"杜拉拉"

如果你是"80后"，应该看过职场网络轻喜剧《司马他》，那恭喜你，你有了一个可以借鉴前辈经验的范本。看过《杜拉拉升职记》的人都有一个感觉，杜拉拉升职靠的是自己的本事，其次才是与人相处的智慧；而在《司马他》中，更强调的是做人做事的智慧，当然，能力和努力必不可少，但是与人相处的智慧使你更加轻松自如地游走在职场的边缘，更加容易躲过明枪暗箭，顺利地升职。

22岁以后，如果你还没有看过这部职场小说，一场轻喜剧，就请你回家仔细地看看，汲取一下前辈的经验，增强自己职场与人相处的智慧。"司马他"是英文smart的音译，意思是精明，那么，现在我们就看一看那些"司马他语录"提供给我们的职场智慧，来丰富一下我们的职场经验。就算你今天的职场环境并不需要这种精神，并不代表你不会遇到那样的环境。

司马他语录一："西行路上，无论你是悟空还是八戒，都是团队的一颗螺丝钉。"这是告诉人们要有团队意识，千万不要影响了团队的合作精神。如果你忘了把与别人的协作精神放在第一位，那么即使你如孙悟空一般无所不能，老板也只能忍痛割舍掉你，否则就会影响到整个团队的团结，影响到大家的工作效率和工作情绪。所以，一个人想要在职场中顺利地生存下去，就要学会与别人合作，和团队合作，不要恃才傲物，更不要引起公愤。

司马他语录二："有职业素养，利用性别优势解决问题，釜底抽薪，是职场的一键还原法则。"这一条语录对女人最有影响，女人应该学会运用自己的性别优势来解决问题。尤其是刚刚进入职场的未婚女人，更要利用这一点。如果你刚刚进入职场什么都不懂，不知道怎么处理与领导和同事间的关系，不妨请求男性的帮助。尤其在业务问题上，遇到不懂的事情，尽管向他们请教，请他们喝杯咖啡，他们自然就更乐意帮忙了，只要是不引起误会的方式，都可以大胆尝试。

司马他语录三："自省和换位思考"是职场交际的秘诀。这句话值得女孩子好好思考，如果你总是不知不觉地得罪同事，或者总是让上司看着不顺眼，你也看他不顺眼，换了几个上司都是如此，那你就有必要自省一番了。换位思考一下，如果职场进入了一个新人，你是否也会因此而感到威胁呢？你希望他怎样表现才能够接纳他？才愿意帮助他？怎样才能打消你的戒备心理？如果你弄懂了这一切，可能自然就会收起自己小孔雀的姿态，自然就对别人宽容起来、尊重起来了。

司马他语录四：办公室里千万不要吝惜你的掌声。任何人都需要鼓励和认同，尤其在得意的时候更是如此。吝啬自己的掌声是一种幼稚的行为，就算你对别人的成就感到嫉妒，抱怨牢骚又能解决什么问题呢？相反，热情的掌声是对同事的赞同，更是一种大气的行为，为别人鼓掌的同时，也赢得了他人的尊重。为朋友鼓掌是义不容辞，为对手鼓掌是豁达大度，就算是对你敌视的人也会因此而敬佩你。职场中一需要微笑，二需要掌声。

这些语录即使不是职场交际的圣经，起码也可以让你的职场生涯走得更顺利。我们要秉承司马他的职场精神和做事原则："知识不是力量，智慧才是。"靠高超的情商才能在职场中游刃有余。知识是死的，掌握它并不困难，但要靠它做事却不免沦为办公室中的"老黄牛"。不可否认，人们肯定更加喜欢和聪明机灵的人打交道，既然做事离不开做人，那我们首先就要学会做人的智慧、和别人相处的智慧，才能把事情做得更好，也才能在职场上生活得更好。

22 岁以后，女人在闯荡职场的时候，一定要带上自己的智慧。晴天带着雨伞，预防职场及时雨，smart 是未雨绸缪。职场上的年轻女人都需要这样的未雨绸缪，才能够在职场上风生水起，成为职场上的“杜拉拉”。

掌握与上司、同事相处的技巧

没有人单枪匹马就能够成功，更没有人能够在强敌环伺的情况下能够闯出重围求生存，现代职场，竞争日益激烈，一个人的成功更主要的是靠别人的帮助，靠上司的扶助、同事的帮助，大家合作，才可能把事情做得更好，只有事情做好了，才有升职加薪的机会。尤其是一个女人，想要步步高升，更要依靠别人的扶助，能够左右逢源，才能够把“冷板凳”坐成经理椅。

22 岁以后，女人必须掌握在职场上和上司、同事相处的技巧，才能让别人心甘情愿地帮助你，善于整合内外的一切资源并加以利用，你才可能得到提升，最起码可以让你在职场上轻松自如。

那么，要从何做起呢？首先就是不要树敌。女性竞争有自己的特点，虽然也可能因为利益关系而产生矛盾，而且根本不可能避免，要知道利益矛盾就是职场上的根本矛盾，除非你不打算竞争，否则矛盾就少不了。怎样处理这种矛盾呢？如果你不打算竞争，或者是目前的实力还不够，为了避免树敌，那么主动退出，山不转水转，日后你还可能成为他的下属，为什么要因为根本得不到的东西而得罪人呢？若一个人处处不肯吃亏，处处想占便宜，于是骄心日盛，迟早会落入四面楚歌之中，就算你爬到了顶峰，也是失败的。

如果你和对手势均力敌，你的能力、人脉和他不分上下，那就要注意公平竞争。任何时候，情分不能践踏，不能侮辱别人的人格、能力，更不能用诡计取胜。若你日后胜出了，要主动请大家吃饭，给予别人关照，尽量抚平因竞争引起的不快。如果日后有人不服，也要尽量地和他们交流，通过帮助他们而获得彼此合作的意向，不要因为别人的不合作而毁掉你的前程。要知道，一个单位最怕上司与下属不能合作，尤其是年轻的女人担当领导，别人未免不服气，既不能纵容他们，也不能对他们施威施压，更不能要求领导出面调停，一定要运用自己的智慧，让大家心服口服。

如果你失败了，也要大方地恭贺你的对手，为对手叫好喝彩，尽量不要因此产生不快，最终结为死仇。为对手叫好是一种智慧，是一种谋略，能做到放低姿态为对手叫好的人，在做人做事上才算是成功。女人最容易因为一时的好胜心强而和对手结仇，事后不服输，总是宣扬别人是以阴谋取胜，最终结为死仇。这是最不理智的，即使别人因为耍手段胜出了，也要理解为“存在即合理”，更何况没有证据就不要随便宣扬，输得起也是一种本事。

除此之外，女人之间还有许多非利益竞争出现的小矛盾，一定要学会避免。不要太骄傲，太爱炫耀自己；不要做“孔雀女”，总爱炫耀自己的女性魅力。自己没有交往意图的男孩子，不要随便向他们展现你的风情姿态，否则会成为女性公敌；不要总是一副高高在上、不屑与别人交往的样子，亲切的女人更可爱；不要随便向优秀的男人表白，尤其这个男人是“大众情人”的时候，在没有弄清楚他的意图之前，不要自讨没趣。要听张爱玲的话：“一个女人再好些，得不到异性的爱，也就得不到同性的尊重。”

接下来要做的就是和大家亲近，拉近与上司、同事的关系。和上司、同事的亲近关系要从日常做起，否则，突然亲近会让别人觉得你别有所图。刚刚进入职场的女人其实有很多机会去亲近同事，遇到不能解决的问题去请教同事，别人给予你帮助之后，答谢别人，一来一往就多了和别人的接触机会，接触机会多了，想拉近关系自然就容易了很多。比如，在休息时间请别人吃点小零食；下班时间请别人吃饭、娱乐；记住某个人的生日或者特别的日子，送上一份祝福和关怀。这些都可以拉近自己和同事之间的距离。

至于和上司拉近关系，那也很容易，最好要从公事开始发展。最初的时候，不妨从多汇报工作进度、汇报自己的想法、向上司讨教更好的处理方法开始。然后慢慢地聊一些兴趣爱好、娱乐方面的事情，最后才能发展私交。要注意的是，和异性上司交往的时候，要注意保持距离，不要让别人产生误解，也不要让上司产生非分之想，尤其当他有家庭的时候。要做朋友，不要做知己，不要听他的私事，更不要参与他的家庭纠纷。

当然，最重要的一点是，虽然和同事或上司拉近距离是有必要的，但是也要保持距离，不能太近。左右逢源，才能事事顺畅。

22 岁以后，一定要学会轻松地游走在上司与同事之间，才能做到让人羡慕但不嫉妒，做到靠交际、靠情商而取胜。

别乱发小姐脾气，从容应对职场人事

在职场上做人做事，最重要的就是要沉住气，要冷静，这才是一个能够成大器的人应该具备的素质和智慧。在职场上与人交往也是如此，必须要冷静，这样才能够看清楚职场中的人情世故，才能明白人情冷暖。

“事从容方有余味，人从容方有余年”，在职场中做人做事，更需要从容冷静。女人在职场中和别人相处，一定要冷静，要理智，不能感情用事，

“情令智昏”;而要冷静以对,以静待变,乱中取胜。“心宁智生,智生事成”,想要用智慧解决问题,就必须让自己的心静下来,从容不迫地面对职场中的人和事,见招拆招,才能让事情更圆满。

22岁以后,女人要逐渐变得成熟,能忍耐,不要做性情中人,要学着控制自己的情绪。这样在职场才能走得顺畅,职场上没有绝对的公平,也不可能没有矛盾冲突,更不可能尽如人意。女人只有学会忍耐,学会退让,才能达到最终目的。

职场上没有绝对的公平,刚刚进入职场的女人总有许多愤愤不平:为什么我要每天加班,却和别人拿同样多的工资?为什么出了事总是我背黑锅,我做出了成绩,功劳却被别人顶替?为什么能力相当,他升职了而我没有?为什么同样犯了错误,对我却是严厉批评,对别人却是轻描淡写?面对这一切,年轻女人总觉得委屈愤怒,觉得不公平,于是号啕大哭,向同事们发脾气,质问上司,然而这一切有什么用呢?只不过让你的职场生涯更加不顺罢了。世界上本来就没有完全平等,你要做的就是做好自己应该做的事,拿好自己应拿的报酬,不要和别人攀比。别人比你享受更好的待遇,肯定付出了他自己的代价。有不公必有原因,如果你做不到,就不要奢望和别人有同等的待遇。

当面对非利益而引起的矛盾冲突时,一定要冷静,要忍耐。尤其是一个人一而再、再而三地针对你时,一定要问明白原因,不要因为他针对你,你就怒气冲天地和他吵架;也不要因为并不实际的传言,就认为别人对你有意见或者背后说你的坏话。你们两个在明里吵得热火朝天,说不定有多少人在暗中偷笑,等着坐收渔翁之利,尤其是两个对手你死我活地争斗,更容易让别人有机可乘,坐山观虎斗,最终你们都会一无所有,斗个灰头土脸,最终才明白原来是别人的圈套,岂不是很后悔?遇到冲突,一定要先弄明白原因,如果有误会一定要解释开;如果有分歧,也要对事不对人,只要做到客观公正,想必明事理的人都能够接受。遏制自己的火暴脾气,冷静一点,理智一点,性情中人在职场上必定吃不开。

不要因为感情、因为面子而不好意思。要知道儿女情长，必定英雄气短，必不能善始善终，忍才能成大事。忍小人，才能不被小人陷害；忍豪强，才能不被剥夺至尽；只有忍耐方有出头之日。退一步思量却会事事顺利，有哲人说："拒绝妥协就是拒绝成功。"想要成功地在职场中做人做事，就要有忍耐之性，有妥协之心，才能够保存实力，等待机会的来临。在职场上，该舍的就得忍痛割爱，该忍的就得从长计议，毛羽不丰时，就要懂得让步。忍者无敌，只有懂得忍耐的人方能实现理想，成就大事，创建大业。

20多岁的女人往往不善于控制自己的情绪，不妨多把精力放在工作上。只有业绩才是一个人能够和老板谈判的最好筹码。所以，冷静处世、冷静做事吧，能忍耐才能无敌。

多学点办公室的语言艺术

在办公室说话必须讲究一点语言艺术，否则也许会因为一句无心的话，而得罪他人，或者因为说话不讲究艺术而成为众人的"公敌"。最可怕的是，有些有心人，会抓住你语言的把柄，对你进行攻击、陷害或者制造流言，那你的处境就不妙了。

22岁以后，进入职场的女人一定要谨言慎行，在语言上一定要低调、谨慎，才能避免他人的误解和扭曲，这样才能避免因为一言不合而和别人成为死对头。

在办公室说话，态度比语言本身更重要。诚恳、谦恭的态度会赢得所有人的好感，而傲慢、得意忘形的态度本身就会得罪人。得意不要忘形，不要口出狂言，更不要满嘴跑火车，这样的人最不被众人信任。在办公室讲话,有几种态度需要避免。

慷慨激昂,激情四溢:办公室讲话不是总统竞选的演讲,所以没有必要激情澎湃,尤其当你只是一个普通职员时。调动员工激情属于上司的事,如果你充满激情地鼓励大家要加油,随时可能被认为是不自量力的表现,我们可以激情四溢地工作,却不能激情四溢地讲话,尤其是一些空洞的理论。

说话的姿态太高高在上:面对别人的赞许恭贺,应当谦和有礼、虚心,这样才能显示出自己的胸怀和风度,淡化别人的嫉妒心理,维持良好的人际关系。越是春风得意,越要谦恭,才能赢得尊重。

狂妄:口出狂言者,容易引起大家的一致攻击,就算你是无敌超人,也逃不过众口铄金。要想在办公室中心情舒畅地工作,并与领导关系融洽,那就多注意你的言行。对于姿态低调、工作踏实的人,上司更愿意起用他们。而对于狂妄的人,则多引起上司和同事的反感。

抱怨:喜欢抱怨的人,他身边自带隔离带,别人会远离他,无论是抱怨本单位还是抱怨原单位都是如此。现今社会,跳槽属于人才流动,是当今社会很正常的一种现象,并不奇怪,而且跳槽者往往能在新的团队里找到更适合自己的位置,创造更佳的业绩。如果这一步还没有达到,你就急急忙忙地大要"嘴上功夫",以贬低老团队的手段来抬高自己在新团队的人缘和地位的话,那就大错特错了!

其次是说话的内容也要注意,有几项禁忌是必须避免的。第一,不要讲伤害别人的话,不要揭人伤疤,拿朋友的缺点开玩笑。本以为和对方很熟悉,就随意取笑别人的缺点,会伤及对方的人格、尊严,违背开玩笑的初衷。第二,不要讲空穴来风的话,在办公室说话要负责任。言为心声,语言受思想的支配,反映一个人的品德。不负责任、胡说八道、造谣中伤、搬弄是非等,都是不道德的。不但得罪被说坏话的人,而且会引起旁听者的注意,让人们都对你退避三舍。语言适度,不要做总是唧唧喳喳没完的小麻雀,也不要做整日不发一语的塑像,而是要说话适度。只说该说的话,不要总是信口开河，说话一言九鼎，才能被人们信任。

再次，在办公室讲话也要讲究技巧。赞美的话要多说，要说得真诚；恭维的话要说得有度、有技巧；批评的话要含蓄地说；谏言要诚恳，要一语中的，更要委婉，最好能把自己的意见变成建议；拒绝的话要说得含蓄，也要说得坚决；道歉的话要说得真诚；应答上司交代的工作应该说"我立即去做"；承认过失，也要表明事情的可挽救性，"不过，幸好"这类语言可以弥补你的过失；即使内心嫉妒，也不要放在口头上、放在脸上，适时表明对他的欣赏、夸奖，会让别人对你更信任。

总之，办公室的语言是一门艺术，在你掌握这门艺术之前，很可能讲话不得要领而处处得罪人。学会以后，就能够更好地处理好各种关系。说话是双方的事，你既要顾及自己的感受，又要顾及别人的感受，不要认为自己说得合理就万事大吉了，合理之外还有合情，才能让别人听着舒服，愿意接受你的话。

22岁以后，女人不妨多学学办公室的语言艺术，这样才能保证自己有的放矢，保证自己的语言能够被人看重，被人信任，才能做一个受人尊重的人。要知道职场上有三分之一在做事，三分之一在做人，三分之一在讲话，话说得不好，你的职场生涯就不会顺利。

职场做事，要懂得顾及上司的感受

女人在职场上做事，最忌风头盖过你的上司，尤其当你的上司也是一位女性时，就应该更加注意。男上司对女下属会有一定的包容，不是很大的错误，男上司一般不会过分为难女下属，但是女上司就不太妙了，无论男女，只要在她的监视之下，日子就要过得小心翼翼。

22岁以后，女人在职场上行走，一定要注意一些忌讳，风头不要盖过你的上司，绝对是必须要注意的一项。那么，究竟我们要在哪方面谨慎，以免引起上司的不满和嫉妒呢？

第一，在日常的工作中，不要在穿衣打扮上过于表现自己。办公室不是时装秀场，一套得体的工作套装是有必要的，但绝不能大出风头，让其他女同事都围着你转，这个问你鞋子是在哪买的，国内还没有这种最新款；那个问你包包是不是很贵，是不是别人送的；首饰好特别，有什么故事吗？这些绝对有必要避免，就算你的老爸、男朋友非常有钱，也不要把富贵穿在身上随便炫耀。你要懂得，大家围着上司转才是正理，如果围着你转，就代表你夺去了上司的光芒，再大度的上司也不能容忍这种情况发生。当然，这些包括你的服饰、你的美貌、你的妆容甚至你开的车等，只要适度就可以了，不要刻意地修饰而盖过你的上司。尤其是年纪比你大的上司，更会因此而不平衡。

第二，你的异性吸引力。这一点对于那些"孔雀女"的上司是更加不能容忍的。就算你是一个非常有魅力、有风情的女人，也不要试图在异性吸引力方面和上司一较高下，更要避免和上司看上的优秀男士交往。尤其在一些娱乐场合，大家会不自觉地放松，如果"孔雀女"上司为了证明自己的魅力，而拆散你和别的男士的组合，加入娱乐当中，你唯一能做的就是冷眼旁观。不要试图和她争抢，更不要为了证明自己的魅力而去争抢男人，这本来就已经很可悲了，就给她留一点儿尊严吧。

第三，不要随便自作主张。在帮别人的忙之前问一问你的上司是否有更重要的工作要你去做，不要自作主张地去帮别人做事，而放下你的本职工作。需要你做事的时候，却看不到你的人，上司是非常恼怒的。而自作主张等于挑衅上司的威严，更加让人不能容忍。尤其是这位上司是刚刚提拔上去的时候，更需要谨慎注意。小心新官上任的三把火不小心烧到你，刚刚被提拔的上司本来就担心能不能让人服，能不能树立威信，如果你在这时候自作主张，不等于给别人一个杀鸡儆猴的机会吗？聪明的女上司都不会放弃教训你、为自己树立威信的机会的。

第四，不要越级邀宠。如果说越级上报是职场的雷区、禁忌的话，那越级邀宠肯定更甚。女人千万不要越级邀宠，即使是上层领导吩咐下来的工作，完成之后，也不妨和上司讨论一下，让她补充一下意见，再由她交给上级，才是妥当的。如果自作主张地完成上级吩咐下来的工作，再亲手交给上级，尤其如果得到了称赞，就不免得罪你的直接上司，日后少不得要给你小鞋穿。

喜欢出风头是女人常犯的毛病，并无大碍，但是最好不要盖过女上司，因为她们的地位决定了她们要比她的女下属应该更风光一些。就算你有再强的能力、再美丽，也要保证自己只是她的陪衬，不要让自己的光彩盖过她。每个人都希望自己被认同，女上司更是如此，如果你风头出尽，致使大家冷落了她，即使她表面上不表现出来，内心肯定也是不舒服的。

22 岁以后，女人一定要让自己更加谨慎一些，多懂一些职场的人情世故，即使你不懂，也可以换位思考一下，你在那个位子上是否也会感觉尴尬，是否也会有不舒服的感觉？如果你真的做了一番思考，就会顾及上司的感受，而不总是让自己出风头盖过上司了。

Chapter 14

女人与人打交道，人情世故不可不懂

交往中要懂得给别人留余地

不要把事办绝，不要把话说绝，懂得给别人留点余地，就是给自己留有余地。哲人说："不要把痰吐在井里，哪天你口渴的时候，也要来井边喝水的。"这就是要人们不要把事做绝，不要把话说满，懂得给别人留余地，方能让自己从容转圜。

22岁以后，在与人交往的时候，我们一定要注意，给别人留余地、留面子，就是给自己日后留一条生路。如果你此刻不给别人留余地，当你困窘的一天，就要小心别人不给你留余地。久历江湖、人情练达的人都知道，不要把对手逼到绝地，否则迟早有一天，你也会被逼到悬崖边上。说话做事不给别人留有余地，也就是不给自己留有余地。

交往说话的时候，要多使用模糊语言，才能够不给别人攻击的空间，如果话说得太满，就不免被人有机可乘。最著名的就是"自相矛盾"的例子，卖兵器人说："我的矛是世界上最尖锐的，什么盾都能攻破。""我的盾是世界上最坚固的，什么矛都戳不穿。"最后被别人抓住了把柄："以子之矛，攻子之盾呢?"最后搞得这个人满面通红，好不尴尬。如果他说话不是那么满，就有回旋的余地，也不至于到最后自己下不来台。所以，许多名人在面对记者的询问时，都爱用这些字眼，如可能、尽量、或许、研究、考虑、评估、征询各方意见……这些都不是肯定的字眼。他们之所以如此，就是为了留一点儿空间好容纳"意外"；否则一下子把话说死，结果事与愿违，那不是很难堪吗？普通人与人交往时，最好也应用好"我试试""我尽量"这些可以随机应变的、有余地的语言，否则就会让人觉得你不可靠，给别人留下说大话、不守诺的不良印象。

给别人留有余地，还有一层意思，就是无论在何时、在何种情况下，都不宜把别人推向绝路，万不可置人于死地，否则别人就会做出极端的反抗，这对双方都没有好处。事事给别人留一点余地，也就是给自己留下生存的缝隙。凡事总有意外，留有余地，就是为了容纳这些意外。现今社会更是如此，“十年河东，十年河西”，你在今天把别人逼得走投无路，就小心有一天位置交换，对方把你逼得走投无路。如果杯子没有空间，加入水就会溢出来；如果气球没有空间，就会爆炸。人说话做事留有余地，才不会由于意外出现而下不来台。留有空间，留有余地，一个人才能从容转身，使自己不至于陷入绝境。有进有退，收放自如，才能更机动灵活地处理和解决更复杂的问题。

有一匹马挣脱了缰绳，吃了菜园中的菜。主人为了惩罚它，把它鞭打了一顿，被鞭打得血迹斑斑的马跪了下来向主人求情。但是主人并没有停下手中的鞭子，直到这匹马变得气息奄奄才停下来。午夜的时候，睡梦中的主人被惊醒了，原来是那匹马恢复了体力，咬断了缰绳，最终闯入主人的卧室，咬断了主人的脖子。主人也拔下了挂在墙上的长剑，刺入了马的胸膛。不给对方留余地的一人一马，最终两败俱伤。试想一下，如果当初主人在盛怒之下，留点余地，饶恕那匹马，马就不会报复他；如果马匹不报复主人，而是偷偷地走掉，最后也就不会丧命。

22岁以后，女人一定要明白这个道理，在与别人交往的过程中一定要给别人留一点余地，留一条退路，也就是给自己留了一条退路。

和别人相处要懂得疏不间亲

有这样一个小故事：有一天夜里下了一场大雨，雨打坏了一个富人家的墙。富人的儿子说:“不修好,一定会有人来偷东西。”隔壁的老头儿也说:“不修好,一定会有人来偷东西。”果真就有人来偷东西了。富人觉得自己的儿子有先见之明,而隔壁的老头儿则是心怀不轨。之所以如此,因为人们会不自觉地相信和自己比较亲近的人,而不信任和自己关系远的人。所以,在交往中,女人一定要注意自己在别人心目中的地位,不要做出一些交浅言深的事。

刚刚进入社会的女人常常比较幼稚,看到不平的事,就喜欢提醒别人,最终因此得罪别人而不知情。别以为如实相告,别人就会感激涕零。要知道,我们永远不能率性而为、无所顾忌,话语出口前,考虑一下别人的感受,这是成熟的人的处世方法。22岁以后,要懂得别人之间相处的事情是容不得你插手的,尤其当你和这个人的关系比另一个人疏远时,更是如此,要知道疏不间亲。

中国人处世常常遵循这样一种原则:以自己为中心,和别人的关系就像是自己进水里荡出的波纹,以远近分亲疏,越是离自己近的人就越和自己息息相关,越是离自己远的也就越无关痛痒,因此人们最信任身边的人,讨厌别人的挑拨是非。所以,如果和别人的关系没有达到一定的程度,还是不要乱说话的好,这分以下三种情况:

第一种情况是对交情浅的人不说深的话。交情浅,难免人微言轻,就算你的意见再好,别人也会不以为然,甚至以为你别有用心,另有企图。所以,对于交情浅的人,我们不但不能透露自己的私人状况,也最好不要提建议和意见。有这样一句话:“除非是人命关天或者受人邀请,否则不要随便说出你的建议。”

“逢人只说三分话,不可全抛一片心。”就是要人们说话须看对方是什么人,对方不是可以尽言的人、不是亲近的人,你说三分,已经够多了,何况是全盘托出?对方倘不是深相知的人,你也畅所欲言、以快一时,对方的反应是如何呢?你说的话是属于你自己的事,对方愿意听你说吗?彼此关系浅薄,你却与之深谈,显出你没有修养。你说的话是关于对方的，你不是他的挚友，不配与他深谈，忠言逆耳，却显出你的冒昧。所以说，和别人交浅言深是一件很没礼貌的事，和别人交情浅的时候，很多话就不必说、不该说、不要说。

第二种情况是不要说得太透彻、太露骨，不要凡事如实相告。不要以为凡事如实相告，别人就会感激你，在说之前不妨想一想别人听了这件事是什么感受，然后再决定说不说。就像很多婚变，往往是别人道出了真情，致使妻子下不来台，所以才导致家庭破裂。不要以为凡事只有你最清楚，要知道日日夜夜待在一起的两个人，对方有什么变化，有什么不对劲，当事人永远是最先知道、最先感受到的一个人，问题是，当事人是否愿意拆穿，是否愿意计较。所以，那些所谓的闺密，小心翼翼地告诉朋友："我看到你老公……"完全是自作多情，使别人没面子，不闹开都不可能了。如果别人不提，她完全可以装作不知情，等待对方的回心转意；一说破，则没有了回旋的余地。凡事不要说破，说破则让对方没有退路，甚至会记恨你。再者，如果对方不知道，你不免被认为是挑拨离间之徒。

第三种情况是，就算是再熟的朋友，也不要掺和别人的家事。有一句话叫作"清官难断家务事"，何况是朋友？今天，她在你面前狠狠地说老公不体贴、婆婆偏心眼、妯娌自私、儿子不听话，这些只不过是一时气愤的话，他们照样是一家人。所以，在别人说气话的时候，不要附和她，更不要帮着出主意，否则你就会变得里外不是人。和别人交往就是这样，尤其和女人交往，能不涉及家事就不要涉及家事，否则就真的变成了三姑六婆。

年轻的女人和别人交往的时候，一定要注意，好话可以多说，烦心事不用操心。别人请教你怎样和家人相处，要劝和不劝分，不要出馊主意。毕竟疏不间亲，这种规则在中国已经流传了几千年，还要不断地流传下去，想要自己过得好，就要远离是非，遵守规则。22 岁以后，在交往中绝对少不了谨守"疏不间亲"的规则。

处理好交际中的人情往来

在社会交往的过程中，少不了人情往来，少不了互帮互助，女人一定不要太吝啬，赠人玫瑰，手有余香，既能帮助别人又能让自己有利的事，为什么不去做呢？

22岁以后，女人和别人交往一定要认清现实，没有什么人会无理由地和一个人交往，会无原因地对一个人好。没有一种赠予是应该的，也没有一种接受不需要回报。应酬学认为，人的交往是一种交际互酬行为。也就是说，互相结交的两个人，都希望从对方那里得到什么，无论是功利性质的，还是精神方面的。如果长时间里你对别人没有帮助，对方对你也没有表示出任何帮助的迹象，你们的友谊慢慢就会干枯，甚至你们会变成陌生人。

从本质上讲，社交是一个互相帮助和感激的过程。无论是先表示出希望别人帮忙，还是表示出想帮助别人，都是一种友好的交往过程，朋友总是越交往越亲密的。然而最残酷的事实是，许多人既拉不下脸来请求别人帮助，又不甘主动去帮助别人，于是彼此之间的关系渐行渐远。

还有一些人，只期望对方能给自己一些什么，却从来吝于帮助别人，吝于主动付出，于是因为过度的索取而不知感恩，被对方敬而远之。在交往的过程中，想要双方都相处得好，就必须有付出、有索取，才能够平衡。

交往的双方，往往因为面子的关系，谁也不肯主动去帮助别人，最终不免走向生疏。如果不想关系变得陌生，你要记得一句话："赠人玫瑰，手有余香"。这并不是讲简单地帮助他人，在朋友交往中同样有效。"赠人玫瑰，手有余香”是英国的一句谚语，意思是：一件很平凡微小的事情，哪怕如同赠人一枝玫瑰一样微不足道，但它带来的温馨会在赠花人和受花人的心中慢慢升腾、弥漫、覆盖。在交往中，我们就应该这样，主动地为别人提供帮助，哪怕是很微小的一个帮助，都能让你们的感情升温。这不但让别人得到帮助，也会增加你以后请求帮助的机会，你的心灵同时也得到一次净化，何乐而不为呢？

在别人需要帮助的时候，如果你没有伸出自己的友谊之手，那当你需要帮助的时候，就会陷入孤立无援的窘境。这就是自私者的下场，有多少人因为“事不关己，高高挂起”，直到别人的专制侵犯到你的头上时，才奋起反抗，可是为时已晚，大家都学会了冷眼旁观。很多时候，命运就是我们头上的压迫者，只有相互帮助，这个世界才不会变得那么冷漠。“交往”的目的就是希望自己将来在某件事情上无能为力的时候，别人能够扶持一把；如果在别人陷入困境时，你无动于衷，别人就会冷眼旁观你陷入窘境的时刻。

在别人需要帮助的时候，不要冷漠地看笑话，而要伸出援助之手，这样才能在你陷入尴尬的时候，别人也来帮助你。帮助别人，不仅使彼此交往的两个人关系更加亲近，也能够使帮人的一方精神得到充盈，得到慰藉。

22 岁以后，女人在人际交往的过程中好好记住这几句话：“给予就会被给予，信任就会被信任，爱就会被爱——行为孕育行动，这就是心理学中的互惠关系定律。”“赠人玫瑰，手有余香”，不仅仅是一种要你付出、要你善良的智慧，而且包含着人际交往的秘诀。

学会为自己的隐私保密

年轻女人在与人交际时，往往藏不住自己的心里话，不知不觉地就把自己的隐私说给别人听了，这是每个女人都可能犯的交往忌讳。大多数女人还是会忍不住把自己的秘密泄露出去的，哪怕只是说给自己的闺密听。

这种心情很容易理解，每个女人都有过这样的经历：把一个秘密留在自己心中，甚至连自己最亲爱的人都不能说，这是一种多么难受的心情啊！不能够与人分享一件事，的确是很难受的，既然知道这种感受，就应该明白，如果你对一位朋友说："我告诉你一个秘密，千万不要讲出去啊。"这对于对方是一件多么残忍的事。当然，她也许会不守承诺，把这个秘密说出去，那就对你造成很大的伤害，她也会因此而惭愧，但是你们之间的关系也就结束了。

所以，最好处理自己秘密的方式就是不要讲出去，实在太难受了也不要讲给和你有任何关系的人听，比如老公、好朋友、同事、同学，这些人都是不可靠的，并不是他们的人格人品有问题，而是他们和你的生活或工作息息相关，起码是有交集，如果这些话通过他们泄露出去，对你的生活和事业影响会很大。反倒是那些无关紧要的人，比如心理医生。

再者，保全你隐私的另一种方式就是：把自己的隐私讲得有技巧，既能给别人留下很大的想象空间，又抓不住真正的把柄；既能引起别人的认同，又绝不会减少你的魅力。据心理学家调查，女人天生爱泄密，这是她们迅速和别人打成一片的秘密武器，但是同时也会让自己的魅力和信用减分。向别人泄露你的隐私，固然能够让你迅速地和别人打成一片，引起别人至少是女人的认同。但是，相对地，别人对你知道得越多，对你认识得越清晰，就对你少了想象。留一点儿隐私给自己，也就是留一点儿想象空间给别人，不但增加了你自己的神秘感和魅力，同时也保全了你的隐私。

把所有秘密告诉你的日记。如果觉得某件事给自己造成很大的压力，如果不倾诉出来就会憋出病，那么不妨把这些事记成日记，也能够缓和自己内心的一些压力。这虽然不如向别人倾诉来得更放松，但也是一种方式。或者用给自己某个非常信任的人写信的方式表达出来，也是非常好的，想象他就在你身边倾听你的诉说，或者就在另一个地方读这封信，你的心情就会好起来。但最重要的是，这件事过去以后，别忘了毁尸灭迹，日记要撕掉，信件也要烧掉，不要真的寄出去。要知道这只是一种让自己放松的方式，一种保全自己隐私的方式，如果让别人抓住确凿的证据——有时候笔墨比语言更有说服力——那不是自投罗网吗？要知道，肯定会有人不尊重别人隐私的，否则怎么会有那么多翻孩子抽屉的家长呢？在你的周围肯定也有这样的人，“毁尸灭迹”是使用这种方式首先要注意的事。

把秘密讲给男人听。许多女人选择把秘密讲给自己的闺密或者女性朋友听，认为她们与自己更贴心、更亲密，更能理解自己的心思。的确，比起了解女人的心思，还是女人更在行，但这也就意味着她们更容易把自己揣度的一些事情也掺进去并宣传。在这方面，男人则更可靠，因为男人不可能轻易泄密。喜欢嚼别人舌根的男人是很少的，所以，不涉及其他男人的秘密还是“泄露”给男人更可靠。而且，即使男人不小心泄露了你的秘密，也极少会添油加醋，因为他们的性格决定他们说话的时候更像就事论事；再者，一般男人的想象力有限，就算添油加醋，也会因为不符合女性的逻辑思维和行为方式很容易就会被拆穿，到时候直接否认一切就可以了。有谁会相信一个女人会对男人倾诉自己的心事呢？多数人不过认为他在吹嘘罢了。

22 岁以后，女人一定要学会更多的为自己保密的方式，尽量保守自己的隐私秘密。既然我们不能保证自己不会泄露秘密，也不能保证别人不会，减少泄露秘密的关键是对秘密的态度。一方面要忽视它对你为人方面的作用，另一方面要尽量减少它对你的危害和影响。学会为自己保密，是一个年轻女人在交往中要首先学会的。

参考文献

[1]吴淡如.性格决定幸福[M].南昌:二十一世纪出版社,2008.

[2]吴维库. 阳光心态[M].北京:机械工业出版社,2006.

[3]李欣频.十四堂人生创意课[M].北京:电子工业出版社,2008.

[4]李开复.做最好的自己[M].北京:人民出版社,2005.

[5]金韵蓉. 幸福女人的芳香生活[M].北京:中信出版社,2007.